—— 八闽茶韵 ——

漳平水仙

福建省人民政府新闻办公室　编

编　著：詹柏山

海峡出版发行集团 | 福建科学技术出版社
THE STRAITS PUBLISHING & DISTRIBUTING GROUP | FUJIAN SCIENCE & TECHNOLOGY PUBLISHING HOUSE

图书在版编目（CIP）数据

漳平水仙 / 福建省人民政府新闻办公室编；詹柏山编著. —福州：福建科学技术出版社，2019.6
（"八闽茶韵"丛书）
ISBN 978-7-5335-5763-8

Ⅰ.①漳… Ⅱ.①福… ②詹… Ⅲ.①乌龙茶 - 介绍 - 漳平Ⅳ.①TS272.5

中国版本图书馆CIP数据核字（2018）第279933号

书　　名	漳平水仙
	"八闽茶韵"丛书
编　　者	福建省人民政府新闻办公室
编　　著	詹柏山
出版发行	福建科学技术出版社
社　　址	福州市东水路76号（邮编350001）
网　　址	www.fjstp.com
经　　销	福建新华发行（集团）有限责任公司
印　　刷	福建彩色印刷有限公司
开　　本	700毫米×1000毫米　1/16
印　　张	9
图　　文	144码
版　　次	2019年6月第1版
印　　次	2019年6月第1次印刷
书　　号	ISBN 978-7-5335-5763-8
定　　价	48.00元

书中如有印装质量问题，可直接向本社调换

序 言

梁建勇

　　"八闽茶韵"丛书即将出版发行。以茶文化为媒，传承优秀传统文化，促进对外交流，很有意义。

　　福建是中国茶叶的重要发祥地和主产区之一。好山好水出好茶，八闽山水钟灵毓秀，孕育了独树一帜福建佳茗。早在 1600 年前，福建就有了产茶的文字记载。北宋时，福建的北苑贡茶名冠天下，斗茶之风风靡全国，催生了蔡襄的《茶录》等多部茶学名作，王安石、苏辙、陆游、李清照、朱熹等诗词名家在品鉴闽茶之后，留下了诸多不朽名篇。元朝时，武夷山九曲溪畔的皇家御茶园盛极一时，遗址至今犹在。明清时，福建人民首创乌龙茶、红茶、白茶、茉莉花茶，丰富了茶叶品类。千百年来，福建的茶人、茶叶、茶艺、茶风、茶具、茶俗，积淀了深厚的茶文化底蕴，在中国乃至世界茶叶发展史上都具有重要的历史地位和文化价值。

　　茶叶是文化的重要载体，也是联结中外、沟通世界的桥梁。自宋元以来，福建茶叶就从这里出发，沿着古代丝绸之路、"万里茶道"等，远销亚欧，走向世界，成为与丝绸、瓷器齐名的"中国符号"，成为传播中国文化、促进中外交流的重要使者。

当前，福建正在更高起点上推动新时代改革开放再出发，"八闽茶韵"丛书的出版正当其时。丛书共12册，涵盖了福建茶叶的主要品类，引用了丰富的历史资料，展示了闽茶的制作技艺、品鉴要领、典故传说和历史文化，记载了闽茶走向世界、沟通中外的千年佳话。希望这套丛书的出版，能让海内外更多朋友感受到闽茶文化韵传千载的独特魅力，也期待能有更多展示福建优秀传统文化的精品佳作问世，更好地讲述中国故事、福建故事，助推海上丝绸之路核心区和"一带一路"建设。

2019 年 2 月

目 录

一

茶乡问茶韵悠长

（一）茶中精品漳平水仙

在福建闽西山区，一种产于云雾缭绕的高山上的名茶——漳平水仙茶，以其品佳质优、原生态无污染之优点而畅销于世。国内唯一的青茶类紧压茶——漳平"水仙茶饼"，更是独具特色，闻名遐迩。有好茶骚客赋诗题赞："福建漳平有水仙，年年岁岁降凡间。手工茶饼佳茗品，空谷幽兰四海宣。"

采茶时节的茶园

菁城全景（李梅英摄）

　　漳平市国土面积 2975 平方公里，地处福建省西南部，九龙江北溪上游，属亚热带季风气候，温热湿润，雨水充足，冬无严寒，夏无酷暑。年平均气温 16.9—20.7℃，降水 1450—2100 毫米，无霜期 251—317 天，多年平均日照时数 1853 小时，有利于作物多熟和林木速生，适宜多种动植物生长繁育。良好的气候条件与种植环境，为茶叶的生产提供有利的自然条件。境内分布大量野生茶，是福建省三大野生茶基地之一，也是我国南方茶叶的重要产地。

　　水仙茶，名字好，味道好，主产于漳平市茶乡南洋、双洋两镇。南洋与双洋，地处漳平九鹏溪中下游，峰峦竞秀，田园叠翠，环山产茶，茗香四里，乃著名茶乡。这里山高林密，终年云雾缭绕，溪

流纵横，气候独特，形成了适宜种植水仙茶的良好生态环境。

九鹏溪，古称宁洋溪，沿溪群峰夹峙，古木葱郁；湍流曲折，激荡回澜，鸳鸯戏水数十里，奇景壮观。宁洋旧县登瀛桥、步云桥等木质廊桥横跨溪流之上，景色宜人。明代大旅行家徐霞客两度乘舟顺九鹏溪直下漳州府的详细记述，为后人述说了漂流宁洋溪的情趣。而当地农户开垦的水仙茶园，就在九鹏溪畔的山坡上，层层叠叠，翠绿绵延；茶树就在蓝天下、云雾里，一年四季吮吸着纯净的空气、清冽的雨露。

白云深处的山中，不时飘来悠扬的山歌，"每日做茶十八馆，人来客气日夜忙。十八条船十八馆，船头竖立红灯廊（即红灯笼的漳平方言）。莫道乡下粗茶烂，送到番边正晓香。"山歌唱出了茶

漳平榉仔洲公园振文塔（黄笑梅摄）

乡人民忙碌种茶、茶业经济繁荣、香飘海外之喜人景象。

　　漳平水仙茶既是历史名茶，又是中国名茶，在茶界拥有极高的荣誉，《中国茶经》《中国名茶志》《福建名茶》等书均将它列为名茶。自1981年起，漳平水仙茶均获得历届福建省名优茶鉴评会名优茶奖；1995年，漳平水仙茶饼荣获第二届中国农业博览会金奖；2000年，由中国茶叶博物馆收藏展示；2005年，获中日韩国际茶文化交流会"五星级"国际茶王；2006年，获第七届广州

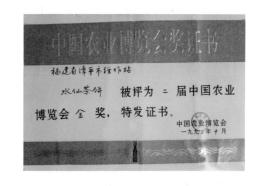

1995年漳平水仙茶饼荣获金奖证书

国际茶文化博览会金奖、福建省第四届"闽茶杯"特等奖；2007年，荣获福建名茶奖、"人文中国·茶香世界"第二届"凯捷杯"中华名茶乌龙茶类金奖；2017年荣获第十五届中国国际农产品交易会金奖。屡屡获奖，载誉中华，名气大振，声名远扬。

漳平水仙茶，不愧为福建茶叶的精品。

漳平水仙茶树，品种优良，生长力强，病虫害少。水仙茶品，有散茶和茶饼等种类，以茶饼为主。水仙茶饼是漳平水仙茶的经典部分，是福建省乌龙茶类中唯一的紧压茶。漳平水仙茶四季都能采收，各季茶美号分别为"春茶""六月白""秋香""冬片"，极有文化韵味。

漳平水仙茶饼的制作，独具一格，备受赞誉。水仙茶鲜叶经过晒青、晾青、做青、杀青、揉捻后，用一定规格的木模压制成方形，再经过茶叶滤纸包装，精细炭焙，形成风格独特、风味传统的漳平水仙茶饼。茶饼外形扁平，包装精美，古香古色，科技含量高，又

漳平水仙茶外观

便于旅行携带，畅销于神州大地。

漳平水仙茶风味独特，其特点是色香味俱佳。汤色金黄明亮，让人看了赏心悦目；香型清雅，如兰似桂；滋味醇厚，喉润好，有回甘，余韵无穷。漳平水仙茶茶性温和，多饮也不伤胃，而且经久藏，耐冲泡，具有保胃养胃、减肥美容和防癌抗衰、降血脂等特殊功效，是居家保健的佳茗。

漳平水仙茶被誉为乌龙茶类极品。因其产地优越条件与独特制作工艺的完美结合，从而形成个性鲜明、风味独特的一种佳茗。长期以来，水仙茶备受业界行家好评。茶界泰斗张天福这样盛赞它："漳平水仙茶是茶中极品，在福建众多名茶中出类拔萃，独树一帜。"福建茶叶学会会长冯廷佺指出："漳平水仙茶历史悠久，它的突出特点在于香气浓郁，汤色明亮，令人赏心悦目，色香味俱佳。"两位业界名家的精要点评，正是对漳平水仙茶的最好评价。

（二）水仙醇香独树一帜

水仙茶不仅品质优异，而且适应性强，在一定区域的不同环境中均能保持稳定性状。

水仙茶树属于小乔木型大叶种，发芽较晚，一般要到清明后才能开采。其成品干茶，外观条索较一般干茶粗壮，呈乌褐油润或青褐油润，匀整，有一股很幽很柔的兰花香，有的则带有乳香和水仙

—————
茶园春早

花香。但无论何种香型，都带有轻甜味。沸水冲泡之后，香味更为明显。其最大优点是茶汤明亮，滋味醇厚，韵味悠长。

水仙茶的醇，一是有明显的甘鲜感。这种甘，不是糖水般的甘甜，有点类似甘草汤，类似熬透的鸡汤。二是很强的滑爽感，但这滑、爽不是一般的滑爽，而是带有柔韧性与黏稠感，有人将其比喻为如同吃"极细的粉条"。另一种比喻就是有"沙感"，好像吃西瓜或哈密瓜。三是回甘长久，耐人寻味。品过一杯水仙茶，那种美好的茶香滋味会在齿颊间保留一段时间，甚至大半天挥之不去。

水仙茶之醇，与正山小种红茶或者普洱茶的醇对比，有很大的不同，它的醇乃是清醇。与红茶正山小种比，茶汤滋味、稠度相当，但水仙茶熟润感强，冲三四泡后，更显稠滑甘爽，变得圆醇。普洱茶汤则更加稠厚，甘草味十分明显，口感突显陈醇。

（三）九鹏溪畔茶香景幽

水上茶乡九鹏溪景区，茶园面积 100 多亩，层层叠叠的茶园，随山势起伏，山风吹拂，宛如绿波荡漾，连空气中也弥漫着清幽的茶香。在这里作一番亲近自然的野游，置身在翡翠碧绿的茶园，令人心旷神怡。

九鹏溪景区山门

这里云雾缭绕，空气清新，水质纯净，独特的绿色生态环境，令人神清气爽。一年四季，茶山景色宜人。清明时节，茶山云雾茫茫，采茶女采茶于茶树之间，茶歌悠扬传来，吸引茶客们上山问茶、品茶，别有一番茶山情趣。

靓女茶山采茶（黄笑梅摄）

春夏之交，游客结伴到九鹏溪旅游，茶山茶园和"森林人家"是必去的。在公馆茶轩小坐片刻后，起身走向湖对岸，双脚踩着浮桥，在一阵摇晃中感受着原始的境遇与滋味。到了岸边，沿着木栈道上山，去领略茶园和森林氧吧的韵致。路两边一垄垄的茶园，整齐地绿出了茶乡风情。茶农正在灵巧地采茶，游客也融入其中，欢快地感受采茶的乐趣。

九鹏溪茶山索桥

茶园风光（张晓玲摄）

　　木栈道一直通往丛林深处。走进树林中，才看到林中茶亭，"森林人家"的温馨在林中漫开。人在丛林中，似乎与尘世隔绝，在无尽的绿色包裹中，所有的浮躁与争竞都消散隐去。不少游客安坐在茶亭里，悠闲地品茗闲谈。凉爽的清风穿行于林间，踏着小碎步，像大家闺秀，一点也不喧哗，清凉生于林中。泡上一壶漳平水仙，茶香与林间的清气一同袅娜，阳光透过树叶，洒下斑驳陆离的色块，像画家试笔的笔触。这时候，看不到外面的任何景色，只有绿树修长的身影在舞动。

九鹏秋韵（卓开明摄）

　　景区九鹏溪的风光在于碧水，在于茶园，在于那种温润的情调里。溪边有不少垂钓之人，不管有鱼无鱼，他们钓的是一种心情。建于溪畔的小木屋，一边凭着高脚立于水中，一边就依在山边。住在小木屋中，傍晚时分与三两友人一起，在临水的阳台上喝茶，把钓竿支在木栏上，喝茶钓鱼，听风赏波，这时候日子真的是慢了下来。当山月升起来的时候，水面上盈盈柔波，像琴弦一样颤动，月影在水中舞蹈起来，偶尔从林中传出一两声夜鸟的鸣叫，正和着这清波拍岸的乐声。这时人们惬意的心情与静谧的大自然便交融在一起了。

九鹏溪美景

　　水上茶乡九鹏溪风景区，最大的特点就在树木、茶园与碧水，四周都是绿色的树林，还有茶山、绿水。景区定位"水上茶乡"，以水体景观为主体，充分展示了茶山水景特征，有机地融合了茶乡文化、人文旅游等特色，从而成了远近闻名、游客向往的原生态休闲观光旅游景区。

漳平城区双桥双塔

福地传说美名扬

——

南洋梧溪茶园风貌

　　漳平地处福建戴云山脉西南麓，九龙江北溪上游，北纬25°17′，东经117°24′，地处中亚热带与南亚热带过渡带。这里群山环抱，峰峦叠翠，溪涧纵横，草木繁茂，云霞弥漫，雨量充沛，日照适宜。得天独厚的生态环境，十分适宜水仙茶的生长。

　　九龙江北溪支流九鹏溪，在漳平境内穿流而过，全长73公里，流域面积655.5平方公里。她宛如一位慈爱而伟大的母亲，用那甘甜的乳汁，哺育着两岸的一山、一草、一木。一年四季，这里层林叠翠，青山如黛，绿水悠悠，景色宜人，充满生机，令游人过客心驰神往，令文人雅士心仪咏叹。

　　九鹏溪名字的由来，当地有这么一个美丽的传说。

（一）九鸟送籽救苍生

相传，远古时八闽是一片汪洋大海，不知从什么时候起，海水退去了，于是凸显出怪石奇峰，武夷山、戴云山突兀而起，傲视群峰。地处戴云山脉西南部的漳平市，有个乡镇叫南洋，其镇名蕴涵"源于漫长地壳运动之变迁，华夏南疆海洋因之而突起"之意。

也不知过了多少个年头，荒凉的海滩成了片片肥沃的绿洲。人们陆续从北方南迁，搬到八闽绿洲上定居。他们开辟良田，种茶栽果，经过一代又一代人的辛勤创业，村村六畜兴旺，户户五谷丰登，村民们的日子过得可红火哩。

不知是啥原因，某年初秋，一连几十天，天上没落下一滴雨，漳平境内所有的泉水都枯竭了，树木枯死了，良田龟裂了，才打浆的庄稼也都耷拉着脑袋，没有一点儿生机。村民们呼天唤地，天天排着队到寺庙里求神拜佛，祈求苍天保佑，能给他们送来及时雨。可是呼天天不应，唤地地不灵呀！庄稼绝收了，大家只得靠挖草根、剥树皮充饥。身强力壮的后生一天天地干瘦下来，老人小孩则一个个疾病缠身了。这日子怎么熬呀！

一天，大家又到山里挖野菜、草根。挖呀，挖呀，忽然一阵清风吹过，大家都觉得非常舒服。抬头一看，只见一朵白云从远方飘来，一会儿飘过头顶远去，一会儿又飘了回来，大家都感到十分奇怪。村里一老人开口道喜说：这是巡山路过的神仙大驾光临我村，说不定很快就会给我们带来喜讯呢！

又过了几天，村民依然像往常一样上山挖草根，剥树皮。大家拼命地挖呀，挖呀，忽然看见天上飞来了九只满身金光闪亮的大鹏鸟，它们逐一落在一棵大树上。大家好奇地瞧着它们。九只大鹏鸟眼睛注视着人们，纷纷张口"呀呀"鸣叫，从它们嘴里吐出一颗颗亮晶晶的绿珠子，落地的绿珠子立刻钻进了土里。

为首的那只大鹏鸟站在树上说："我们是神鸟，奉观音旨意，到玉帝仙茶园里偷来这些茶籽，普救众生苦难。这茶籽落地生根成

九鹏溪风光

21

树，开花结籽，风吹满山，满山皆是茶树，不畏寒冷，不惧旱涝，能充饥能治病。"说完，九只神鸟展开翅膀，翩然飞去。紧接着，天空雷声大作，闪电交加，甘霖骤下。村民们齐刷刷跪在地上，沐浴着久盼的雨水，不住地叩头，对神鸟感恩不尽。

雨过天晴。九只神鸟吐下的那九颗绿珠子破土而出，冒了芽，抽了叶，开了花，结了籽，清风卷着茶籽，撒遍了整个九鹏溪流域，漫山披绿，生机盎然。大家采来茶叶熬汤喝，不仅神清气爽，而且促进消化，连吃几天，肚子再也不会感到胀痛难受啦！生病的老老少少，身体也一天天地好起来了。

这样的喜讯很快传遍了漳平的村村寨寨，人们都上山采茶叶充饥，再也不用找野菜、挖草根、剥树皮吃了。有些人还把茶树移植到房前屋后，茶树长势良好，人们看在眼里，乐在心里，像吃菜一样，想吃就去采。时间长了，大家就给这茶树起了个名字，叫"菜茶"。

为了感谢九鹏鸟救命之恩，让后人牢记神鸟送茶籽这一神迹，当地人将九只大鹏鸟飞过的这条河命名为"九鹏溪"，以志永久纪念。

（二）仙女下凡情未了

时光飞逝，岁月如梭。不知过了多少个年头的某一天，在漳平中北部南洋北寮和双洋中村一带，发生了一场天火之灾。这场无情的天火烧红了苍天，烧红了这里的土地，山上的茶树被烧光了，原始森林被烧毁了，山上山下一片荒芜，寸草不生。这里的老百姓民不聊生，为了生存，他们有的去漳州、汀州做生意，有的到闽南沿海去捕鱼捞虾，村里人几乎都逃离了，只有村头一个叫朱峰奇的年轻人不走。他说："子不嫌母丑，狗不嫌家贫。故土是我的命根子，再苦再累，我也要留在村里，把家园重建！"

朱峰奇送走了乡亲们后，每天都起早摸黑，从远处挑来石块，先把光秃秃的山坡垒成梯田，再挖坑挑水栽草种树。经过朱峰奇多年的辛勤耕作，寸草不生的山上终于又重新长满了草木。不知过了多少年，漫山遍野绿树成荫，众木成林，呈现一派郁郁葱葱的景象。

有一天，天宫小仙女实在耐不住寂寞了，她无意中探头俯瞰，被眼前的景象吸引住了：这一带树木繁茂，鸟语花香，景象胜过天堂。她再仔细一看，山上那蔚蓝色的薄雾中还站立着一个英俊的青年，正奋力挥着银锄，在挖地劳作。小仙女早已厌倦了天宫的生活，心里特别向往人间男耕女织的生活。于是，她不由漾起骚动的心，顿时脸红心跳。趁人不注意，她偷偷地溜出了天宫门，驾着彩云，飘然下凡来。

朱峰奇见仙女下凡到人间，情愿与他同甘共苦，便也对她一见倾心，共诉衷肠。正当两人相亲相爱、誓愿白头偕老之时，把守天门的神将把小仙女下凡人间的消息禀告了玉皇大帝。玉帝大发雷霆，当即命令火神放火烧山，整整烧了三天三夜，把朱峰奇辛勤耕种的花草树木彻底烧尽。玉帝唯恐二人不死，又命令雷神呼风唤雨，决天河之水，把这一带彻底淹没。

面对天灾突袭，朱峰奇与仙女紧紧携着手，慌忙逃入深山岩洞中躲藏。可是到了玉帝下令决天河之水淹没这片土地时，两人不幸被巨大的山洪冲散了。朱峰奇在山洪水中随波逐浪，从双洋中村一直漂泊到南洋北寮。也不知过了多少个昼夜，朱峰奇醒过来时，发现自己身处北寮石牛崠的岩壁边。这时，他已是奄奄一息了，但心中还是念念不忘仙女爱妻。

正在默默思念时，忽然，洪流中涌来一个大浪头，浪峰上升起一株茶树，茶树边站着一位美艳的仙女。仙女哭着喊道："郎君，我在这儿呢！"说着，她迅速爬上陡坡，沿路随手采摘山坡上的茶叶，到了郎君朱峰奇身边，立刻给他烧开水，把手中的茶叶浸泡其中，让朱峰奇喝上一大碗甘甜的茶水。这茶水喝起来真是清爽鲜香，令人回味无穷呀！

水仙茶古树丛

仙女也一面喝着茶，一面对心爱的郎君动情地说："火烧雷击水淹我都不怕，只要我们心心相印，永不分离。今后的日子一定会好起来

水仙茶古树

的，我们的生活一定会很幸福的！"朱峰奇紧紧拥抱着坚强而温柔的爱妻，激动地流下了热泪。

经过这场生死考验之后，夫妻俩心如石坚，决心在人间开创美好生活。他们看中这里肥沃的土壤，爱饮这里甘甜爽口的茶水。此后，这一对恩爱的青年男女在这里以种茶为业，终老一生。经过长期精心耕作，他们的茶园连年喜获丰收，日子过得越来越红火。

仙女之郎君因饮茶而获重生，因这茶是仙女从水中捞来的，他俩便将这里所种的菜茶叫作"水仙茶"，而把这棵救命古茶树尊称为"水仙茶祖"。长久以来，这里的茶农们在每年开春采茶之际，都要对"水仙茶祖"举行隆重的供奉祭祀仪式。他们在供奉"水仙茶祖"神位前摆起一张张八仙桌，桌上摆三牲五谷、清酒香茗、素菜山珍等，祭品一应俱全。其时，燃烛烧香，鼓乐齐鸣，耆宿长者口诵祭文，茶农们齐刷刷跪在地上，顶礼膜拜，仪式庄重肃穆。

水仙茶祖祭祀仪式（陈秀容摄）

（三）龙颜大悦赐茶名

在漳平本地，水仙茶最早叫做"小种茶"。从"小种茶"演变为"水仙茶"，民间流传着这样一个有趣的传说。

相传，乾隆皇帝下江南至福建时，精专马屁术的巡抚大人特设龙虾大筵宴请这位帝王。乾隆帝对席上海鲜之精美造型和鲜美可口大加赞赏，并因此狼吞虎咽，大快朵颐。时至午夜，这半生不熟的海鲜在肚子里翻江倒海，叽里咕噜闹得挺凶；一时间，他疼起肚子来十分难受，顿时上吐下泻。几位随行的宫廷御医见此情形，不知所措，慌得手忙脚乱的，急得像热锅上的蚂蚁……

这下可急坏了巡抚大人。他面如土色，为杀身之祸即将临头而长吁短叹。巡抚大人的失常举动被他的老母亲觉察到，在老母亲的一再追问下，巡抚大人才将皇上腹泻不止这事如实详告。这时，有一位服侍他老母亲名叫"水仙"的丫环，听到乾隆帝上吐下泻闹肚子一事，连忙对巡抚大人说："请大人不要着急，皇上只是吃坏了肚子，我有办法解决。我的家乡出产一种'小种茶'，能止吐止泻，挺管用的！我们乡里人外出都随身带上几包，闹肚子时常作应急用。我这就去给大人拿来。"

水仙姑娘说完话，立刻进屋取茶冲泡。巡抚大人如获至宝，端起泡好的大碗茶赶忙送到皇上面前，连忙匍匐在地，连磕几个头，然后高高举起泡好的"小种茶"，向皇上禀告："臣罪该万死。请皇上喝了这碗仙茶，龙体定能安康。"乾隆帝虽然心情不爽，已被

乾隆皇帝画像

折腾得心力交瘁，接过碗，迫不及待地饮完这大碗茶。过了片刻工夫，顿觉润喉留香，回味甘醇，精神好了许多。不到半个时辰，一阵响屁之后，便神采奕奕，龙体康复如初。

乾隆帝忙问："这是什么茶？从哪里弄来的？真是胜过灵丹妙药呀！"

面对皇上问话，惊魂未定的巡抚大人顿时结结巴巴起来，不知如何回答才好，蓦然想起那位丫环名叫"水仙"，家居南洋，便答道："启禀圣上，这……这是南洋来的水仙茶。"

乾隆帝龙颜大悦，赞叹地说："真是好茶！以后，每年给朕送些南洋水仙茶来！"

从此，漳平水仙茶成了宫廷贡品，"小种茶"也因此更名为"水仙茶"。

三

名人茶缘誉茶乡

一

自大唐中叶以来，中国人就以种茶为生、饮茶为乐。自古才子爱佳人，从来雅士喜品茗。以茶抒情，以茶遣兴，以茶交友，以茶联谊，"客来敬茶"，早已是民间传统礼节。

随着水仙茶的滥觞及其发展，品饮水仙茶，在漳平渐为一种习俗，一种风尚。历代以来，漳平先贤们与水仙茶结下了不解之缘，留下了不少令人回味的故事。

（一）王景弘以茶励志创伟绩

王景弘是个爱读书的人。明洪武年间，他在京城当太监的日子里，常在夜间的孤灯下埋头苦读。他最爱读的文章是汉代史学家司马迁的《报任少卿书》。

苟且偷生，人活着有何意义！人生的价值到底在哪里？王景弘深思着这个问题。"人固有一死，或重于泰山，

王景弘塑像

或轻于鸿毛，用之所趋异也。"读到司马迁这一名句时，他的精神为之振奋，心里头对往后的人生道路充满新的憧憬和期待。

他与好友郑和（1371—1433）谈话最为投机。同是天涯沦落人，两个身残的太监各持一杯茶便可打开话题，聊得最多的是各自的家史身世，话语中蕴含着更多的悲愤与励志。王景弘从多次聊天中获知，郑和本名马三宝，出生在云南一个信奉伊斯兰教的穷苦家庭里。他们一家人都是虔诚的伊斯兰教徒，祖父、父亲都曾经亲身到过圣地麦加朝圣，因此郑和从小就从长辈的口中听闻了许多海外的奇人逸事，对航海有着浓厚的兴趣。后来，郑和被明朝的军队俘虏，被押送到北京，在燕王府里做了一个小太监。他很聪明，无论是读书还是习武都学得很快，燕王朱棣很喜欢他，特赐他姓郑，改名叫郑和。

郑和从王景弘的聊天中得知，王景弘的家乡福建是著名的茶乡，满山的茶园，逶迤而去，随山坡起伏，层层畦畦，绿波荡漾。那里出产的水仙茶久负盛名。自宋代"海上丝绸之路" 泉州开港以来，茶叶已远销海外异邦，饮誉东南亚一带。王景弘的父亲是个私塾先生，虽家境贫寒，但知书达礼，他给孩子起乳名贵通，字景弘，希望儿子"贵运亨通，景遇弘伟"。始料不及的是，明洪武初年，社会局势动荡不安，王景弘的家乡惨遭一帮残暴匪徒洗劫，全家人竟遭杀戮。王景弘那时正好在山上放牛，才躲过这场生死一劫。完整的家庭瞬间不复存在，孤苦伶仃的幼童王景弘为了生存，在官府的多次怂恿劝诱下，只好净身变成阉人，经各级官府层层递押，好不容易才来到了京城，成为燕王府的一名太监。

两个太监在一起，总有聊不完的话题。泡一杯野生水仙茶，把盏品饮。这茶成了他俩倾心交谈的润滑剂、提神丸。王景弘一边品

水仙茶韵

茗，一边吟诗赞茶，吟咏道："织绿青山翠谷中，温和洁雅四时葱；解忧祛病精神爽，助益身心具奇功。"

他告诉郑和，他老家的茶能止渴、消食、除疾、少睡、利水、明目、益思、除烦、去腻，他一日不可无茶。水仙茶独具"空谷幽兰"之韵味，除了立地土壤、气候条件外，更离不开独特的加工工艺。其制作严谨，技艺精巧。每一道加工流程，都要经历严格的考验、艰辛的蜕变、残酷的抉择、痛苦的锤炼。发酵、萎凋、静置、搅拌、杀青、揉捻、干燥、分装……这些茶叶经受了冰与火的磨砺，经历了岁月与生活重压，才能提炼出清冽爽口的馥郁茶韵。这些茶虽褪去了鲜嫩的绿色，榨干了饱满的水分，看似干枯了、萎缩了，却不曾想，一旦被冲入沸水，顿时又舒展滋润，自信芬芳起来，不仅还原其本来面目，还可以让无色无味的水芬芳扑鼻，更可以让繁杂纷沓的心绪重归淡定和从容。

郑和聆听着王景弘的精彩解说，手捧一杯水仙茶，不禁有些感慨：是啊，人生不正像这茶吗？司马迁惨遭腐刑后，奋起一搏，以《史记》成就史家大师之美名。作为一名太监，仍要不坠青云之志，唯有抱持宠辱不惊、不屈不挠、胸怀大志、建功立业的坦荡心志，才会让我们的人生融入于天地自然之间，让生命之歌如水仙茶般灿烂绽放。一杯茶，一段真情谈吐感悟，让两位知己的心更贴近了。他俩不约而同地伸出双手，紧紧地握在一起，发出共同的心声：忍辱负重，发愤图强，成就功名伟业，不虚度今生今世！

时来运转，建文年间，在燕王朱棣发起的"靖难之役"中，郑和与王景弘并肩作战，英勇无畏，屡立战功，两人因而更加受到燕王的信任和赏识。燕王最终打败了他的侄儿登上了皇帝的宝座，郑和以战功晋升，充当宫中主管太监；王景弘也获荣升，官居四品。

永乐三年（1405）两人奉明成祖之命，以一品正使身份共同率领由 62 艘海船和 27800 余人组成的庞大船队出使西洋（今加里曼丹岛以西至非洲东海岸一带洋面）。船队历时两年多，于永乐五年（1407）九月回到南京。返航时，西洋各国大都派遣使臣携带珍宝异物随船队到南京向明朝朝贡。

宣德九年（1434）六月，王景弘受宣宗之命，以正使身份独自统帅船队出使南洋诸国。王景弘出征之际，宣宗朱瞻基钦赐王景弘嘉勉长诗，其诗结尾云："命尔奉使继前功，尔往抚谕敷朕衷，各使务善安田农，相与辑睦戒击攻。念尔行涉春与冬，作诗赐尔期尔庸，勉勖尔庸当益崇。"其诗大意是：朕特命你奉命出征，以继续先前的功业；你去抚慰海外异邦，以晓谕我的意愿，要让他们各自向善安心农事生产，互相之间应和睦共处，不再互相攻击；考虑到你此行要经春历冬，特赐诗嘉勉你，希望你更加奋发，更上一层楼。

王景弘这次领衔率船队出使西洋，先到苏门答腊，后到爪哇。回国时，苏门答腊国王遣弟哈尼者罕随船队进京朝贡。

常年在大海上航行，水手们的健康状况是领航主帅王景弘颇为关心的一个重要方面。为了能让大家吃上新鲜的果蔬，在大船上大力推广种植蔬菜之做法，为王景弘之首创。他命令下属在船上铺上肥土，种上时令蔬果，这一做法在整个船队得到有效落实。因而，船员们能吃上了蔬菜水果，解决了船员常年在海上颠簸因缺乏维生素而罹患各种疾病的困扰。

一次，船上水兵们因遭南亚热带蚊虫叮咬，不少人得了急性痢疾，影响了船队的正常航行。王景弘当即下令船医取出茶叶和干姜，按二比一分量混合研末，用开水冲泡送服，每天令大家喝上两三回大碗治痢茶，几天时间内便彻底治愈了患者疾病。王景弘由此被誉为"至圣神医"，赢得了大家的一致拥戴。

王景弘在率领船队出使西洋期间，多次途经台湾。他带领船员在赤嵌等地登陆汲水，还到过高雄、台南等地，为当地人医治痼疾，并传授先进的农业生产技术和远洋航海技术。台湾《凤山县志》卷十一中这样记载："明太监王三保（即王景弘）植姜山上，至今尚有产者，有意求觅终不可得。樵夫偶见，结草为记，次日寻之，弗获故道，得者可疗百病。"王景弘不仅为台湾少数民族医治疾病，还在凤山等地手把手教当地人种植山姜等中药材。

王景弘先后八次出使西洋各国，途经 30 余国，60 多个地方。每次出使西洋都随带金银、丝绸、铜铁、茶叶和各种工艺品与外国交流，以丝绸和茶叶等国货为媒，铺设了海上"丝绸之路"，沟通了中国与亚非国家间的通商关系，促进了中国与亚洲、非洲各国之间的经济、文化和科技交流，增进了中外友谊，使中华民族的声望远播海外。

正统元年（1436）二月二十三日，英宗敕命南京守备王景弘停罢采买营造，不再使洋。王景弘晚年潜心整理航海资料，撰有《赴西洋水程》《洋更》等书。航海垂千古，时势造英雄。诞生在漳平水仙茶之乡的航海家王景弘与名扬四海的著名航海家郑和，共同在中外航海史上写下了辉煌的篇章。在中国南海疆域，以航海家王景弘名字命名的景宏岛就在中国南沙群岛之中。1945 年抗日战争胜利后，当时的中国政府接收了原被日本侵占的南中国海岛屿，并将原南沙群岛中的辛科威岛命名为景宏岛（英文 Sin Cowe Island）。由此可见，王景弘在祖国的海洋事业中的贡献和地位。

（二）徐霞客游九鹏溪留佳话

九鹏胜地来霞客，行者无疆历漳平。漳平境内有一条九鹏溪，有幸与明代著名旅行家、地理学家徐霞客结缘，在游记名篇里留下珍贵史料。崇祯元年（1628）和三年（1630），徐霞客先后两次泛舟九鹏溪，对这里的山川美景赞美有加。

话说崇祯元年（1628）三月下旬，徐霞客第一次游历九鹏溪。

正坐在船上的他，仰望远处的山峦，欣见青衣女子们忙碌的身影。她们一边采茶，一边唱着动听的采茶山歌，歌声悠扬悦耳，美妙动听，令游人惊羡心醉。

徐霞客连忙叫艄公停船，快步上岸，爬上茶山，欣赏美景。只见这里的茶园逶迤而去，随山坡起伏，层层畦畦，绿波荡漾。采茶女们置身茶树丛中，身姿窈窕，眉目清秀，肤色白皙，双眸明亮，面颊透红，在阳光照耀下，仿佛一朵朵正在盛开的山茶花，灿烂如霞，绚丽艳美。这茶的海洋，绿的世界，是茶乡一幅迷人的风情画，让人看了赏心悦目，心旷神怡。

徐霞客走向近处，与正在采茶的一妙龄女子攀谈起来。采茶女爽朗地告诉徐霞客，她叫"秋香"，身旁这位姑娘叫"水秀"。眼下正值春茶采摘季节，采茶女们正忙于采茶呢。秋香对远方来客很是好奇，反问这位"书生"此行目的，当得知徐霞客乃是当今著名旅行家时，便盛情邀请这位贵客到她家做客。

徐霞客塑像

37

迎接客人，秋香父亲盛情招呼道："欢迎，欢迎贵客，请进屋吃茶吧！"在她家里，主人热情迎接这位远道而来的贵客，从家中拿出上等水仙茶招待。徐霞客见识了水仙茶的形色味美，顿感香馥味醇，气味确实超凡。泡饮之后，茶叶散发着缕缕清香，沁人肺腑。品啜水仙茶，徐霞客顿觉喉里生津，口齿留香，回味无穷，便惊奇地问："这是何种好茶？"主人告诉贵客，这就是"漳平水仙茶"。

徐霞客听后连声赞好，动情地说："这水仙茶名字好雅啊！正是'诗里有画情生景，茶中无花韵自香'啊！"徐霞客兴奋不已，好奇地向主人请教水仙茶事和当地茶俗，主人侃侃而谈，如实相告。

热情的主人以婚庆茶俗为例，兴致勃勃地对徐先生说："新郎新娘喜结良缘之时，我们这里常以敬茶来表示庆贺。喜庆东家长者用红花托盘端来三道茶，敬献祝福。上第一道茶是人生茶，是用上等茶叶烤焦的茶，此茶清香，又带有苦味，表示风雨同舟，苦乐共享。第二道茶是甜茶，在茶中放入红糖与蜜饯，祝贺新婚夫妻生活甜蜜，美满幸福。第三道茶是生活茶，茶中加入桂皮、蜂蜜、麻辣、花椒，苦甜麻辣四味俱全，让新郎新娘回味无穷，体悟人生。"徐霞客连声称道："真好，听君一席言，胜读十年书呀！这里的婚喜茶俗很有特色，让我大开眼界呀！"

当晚，徐霞客投宿主人家，与茶农品茗对饮，且饮且吟："雾锁千茶树，云开万壑葱；香飘千里外，味酽一杯中。"徐霞客当即把住了水仙茶文化的脉搏，他说："水仙茶，妙就妙在一个'仙'字！茶是水的灵魂，而水仙茶是不食人间烟火的茶中仙品；此品只应天上有，我等世间凡人，竟然在这里得以坐享其成，真是天大的造化呀！闽南之行，得以见识水仙茶芳韵，真是不虚此行呀！"

第二天一大早，徐霞客早起后便向父女告辞，主人家以当地上等"水仙茶"馈赠，徐霞客甚喜，连声称谢。带着水仙茶圣品上路，徐霞客快步流星，仿佛增添了充足的能量，继续下一站新的游历旅程。

或许是这里的山光水色诱人，水仙茶风味独特，当地茶农性情厚

《徐霞客游记》封面

道纯真，徐霞客对南洋此境此茶此民印象深刻，念念不忘。两年之后，徐霞客故地重游，再次重游九鹏溪，并在《徐霞客游记》记下了两次游历见闻和地理学的发现。

（三）朱阳论茶悟禅精书法

朱阳，字桐野，号菁溪，清代书法家，漳平居仁里九鹏社暖洲营（今漳平市南洋镇暖洲村）人。乾隆壬申科秦大士榜二甲第八名进士，授翰林院庶吉士。他是漳平建县以来参加殿试考得最好的一

仿朱阳观赏茶艺场景

位进士，人们叫他"朱翰林"，清代以来一直被漳平士民引以为荣。

　　清乾隆十七年（1752），朱阳考中进士。随后他荣归故里，邀约本邑好友、和睦里陈居士在南洋某茶馆对饮品茗，体悟禅茶意境。

　　说起水仙茶的奇特功效，有切身体会的朱翰林，动情地告诉好友："水仙茶还救了我同科进士的一条命呢！那年，我上京城赴考途中，与我同行的一位举人因旅途劳累，病倒在路上。他脸色苍白，体瘦腹胀，还口吐白沫。我见他体况不妙，连忙从随身携带的一个小锡罐里抓出一把水仙茶，放在碗里用滚水冲泡了一大碗，端到他面前说：'你喝下这碗茶水，病自然就会好的。'那同科接过茶碗，啜了几口，然后一饮而光，顿觉那茶味涩中带甘，继而口中生津，香气回肠，肚子咕咕作响，腹胀渐渐消退，精神随之振奋起来。在途中旅馆休息几天后，他的身体渐渐恢复如常。随后，我们继续上路，顺利抵达京城，当年一同考中了进士。"

陈居士听了连忙竖起大拇指，啧啧称赞朱翰林："救人一命胜造七级浮屠！水仙茶功效真是奇妙极了，你不愧是一位货真价实的水仙茶博士呀！"一番赞美的话语，直说得朱翰林连忙摇头道："岂敢！岂敢！"

在茶馆品茗，朱翰林和陈居士观赏着茶馆精彩的茶艺表演：烫壶、纳茶、冲茶、淋罐、温杯、分茶、敬茶，表演一气呵成，令观者击节称妙，大加赞赏。情趣盎然之中，面对诸位好友，朱翰林深有体验地说："茶有十德：以茶散郁气，以茶驱睡气，以茶养生气，以茶除病气，以茶利礼仁，以茶表敬意，以茶尝滋味，以茶养身体，以茶可行道，以茶可养志。中国茶文化以儒家思想为核心，茶道追求自然美，饮茶是一种精神享受，老少皆宜，雅俗共赏，真是妙不可言啊！"听他口若悬河、侃侃而谈茶德茶经，妙语连珠，大家称赞不已，深表折服。

美不美，家乡水；香不香，故乡茶。在以后的日子里，朱翰林和诸位文人茶友对饮茶进行了一番深入的切磋交流。朱翰林认为喝茶当有讲究，故有品饮、喝茶之分。喝茶可以很随意，自己爱怎么喝就怎么喝，不需要讲究技巧和知识。而品茶则需要有丰富的知识，才能品尝出茶的韵味来。品茶即工夫茶，一个大茶盘，一个精制的陶壶，一壶软开水，小盖碗，小瓷杯，小滤斗，泡茶喝茶都很细致，各道程序都有一个美名：请君入瓮、重洗仙颜、鲤鱼翻身、韩信点兵、品赏岩韵。饮者再粗鲁，品时也得斯斯文文，倒出一小盅，吸一小口，含在嘴里慢慢咽下，像是在回味玉液仙丹，品出养命润颜来。

新桥西埔村
新兴堂匾书"清白有声"

朱阳墨迹"清白有声"

　　朱翰林奉旨赴任知县,在与好友辞别之际,特意为挚友陈居士奉上"清白有声"墨宝。该题字匾额一直留存至今,弥足珍贵,《中华名匾》一书还收录之。翰林朱阳在以后的仕宦交友中,将我国的儒释道诸教文化与当地悠久的茶文化传统融会贯通,进而提炼出儒家之正气、道家之清气、佛家之和气、茶人之雅气,糅合成中国禅茶文化,并将其运用于自身的书法创作之中。其书体端庄雄浑,清峻遒劲,法度严整,劲挺含蓄,出新意于法度之中,寄妙理于豪放之外,给人以独特的艺术审美感受,从而形成了自己独特的书法风格。他的墨迹遗作备受世人青睐。

　　在漳平书法史上,以清代朱阳的楷书最为著名。朱阳的书法造诣精深,存世书法作品尤显珍贵。他在连城冠豸山的题字"上游第一观"仍熠熠生辉,成了冠豸山景区一道亮丽的风景线,吸引了诸多书法名家和大批游客驻足观赏。

连城冠豸山摩崖题字"上游第一观"

乾隆年间，朱阳任云南通海知县，在通海县题字"礼乐名邦"，使该县有"匾山联海"之美誉。他在秀山吟诗撰联题字，以文墨为通海秀山增辉添色，颇受好评。该地现辟为秀山公园，为国家 4A 级风景区。

朱阳墨迹残片

朱阳进士墓道碑

四

漳平茶业历沧桑

—

漳平建县于明成化七年（1471），1990年12月撤县设市，有着520年的建县历史。宁洋县建县于明隆庆元年（1567），1956年8月撤销建制，存史389年。宁洋县所辖的中心区域双洋、赤水两镇，于1956年8月划归漳平管辖。现今的漳平市，包括明清民国时漳平县全域和宁洋县的核心区域双洋和赤水，总面积2975平方公里，全市总人口28万人。

这里气候温暖，雨量充沛，山间云雾缭绕，正是适宜栽茶的好地方。

漳平有着悠久的种植水仙茶历史和深远厚重的茶文化。当地人说起种茶历史，皆能如数家珍，侃侃而谈。

（一）元明清漳平茶情

元已有茶而兴于清

元代，漳平便开始种植茶叶，到明清时期已有相当规模，并有专门的茶叶加工作坊。在漳平市新桥镇一处坍塌的古庙旧址上，出土了一个直桶形明代紫砂茶壶，说明漳平很早以前就盛行功夫茶，讲究饮茶文化。

清康熙廿二年（1683）《漳平县志》记载："茶，所出甚少，溪南有之，乡人名为深山苦。初食之微苦，后能回甘，如嚼橄榄然。"道光十年（1830）版《漳平县志》载："茶，无佳品。土人以苦为

漳平新桥境内出土的明代
紫砂茶壶

上焉。"光绪版《宁洋县志》则记载:"茶,春夏秋冬皆有嫩叶可采。近来所产极多。""茶,种名甚多,唯有小种最佳。"这说明宁洋产茶比漳平要多且质量更好。

象湖镇德安邓姓始祖自明洪武初年开基以来,就一直进行茶叶种植,并自行加工茶叶出售。乾隆年间,福州府通判、贡生邓育高(1758—1853)将漳平县感化里德安社所产的"南阳"茶销往福州府,受到了品茗者的赞誉。德安社所生产的"南阳茶"十分畅销,在清朝中后期还出口到马来西亚等南海周边国家。"南阳茶"系乌龙茶系列之一,德安邓姓茶商以始祖郡望发祥地作为商标,在市场行销茶叶,这样状况一直延续到清朝末年。

清朝康熙至道光年间,宁洋县(旧县城设在双洋镇上)茶叶生产达到高潮,形成一个"民竞业茶""茶户不知凡几"的局面。种茶的经济效益不仅高于粮食作物,甚至高于其他经济作物,从而为宁洋县人民创造了丰厚的利润和可观的财富。宁洋城外新街一带民房,设有很多茶行,这是茶商进行收购、贮藏、加工茶叶的聚集地。沿街盖有瓦房,系女工拣茶、装茶的工场。当时,宁洋的茶叶远销

双洋镇清代民居大院

双洋镇清代民居院门

至广东潮汕地区和东南亚国家。据调查，东洋村赖、吴两姓大院和温坑余姓大土楼，都是其祖上经营茶叶生意发财后建造的。

嘉庆年间，漳平县居仁里九鹏社南洋茶农蒋氏人家移居台湾，带去了较为先进的种茶制茶技术和乌龙茶优良茶种。蒋家在台北开办"裕兴茶行"，专业经营茶业，生意十分红火。

《中国近代对外贸易史资料》封面

出口英国宁洋茶

中国茶叶引起英国人的注意，大约始于1664年。直至1689年，英国才首次出现从厦门进口茶叶的记录，主要是武夷茶和安溪茶。（《东印度公司对华贸易编年史》第一卷第9页）

清光绪元年（1875），商业报道中是这样描述厦门茶叶的贸易状况："去年厦门附近出产的茶叶输出大量减少，一部分是由于歉收，而主要原因则是淡水茶在美国市场上的信誉不断增长，厦门茶因而蒙受不利的影响。从厦门输出的茶主要是乌龙茶，产于厦门北面120海里的宁洋，从这里到厦门有很方便的水路交通。这种茶比起别的茶来，需要较少的加工，稍稍焙制即可供应国外市场。厦门有进取心的商人已将茶树携往淡水，在这块处女地上予以培植。这里出产的茶比大陆所产的品质更高，并逐渐将厦门乌龙茶排挤出市场。"

光绪九年（1883），有报道分析厦门茶叶出口下降的原因时指出："近年来厦门茶叶生产和出口的不断下降，有下述几个原因：由于台湾茶在美国市场上受到顾客更大的欢迎，厦门茶的销路和价格已经下降，因此阻碍了它的生

《中国近代对外贸易史资料》部分内容

产。厦门茶的品质很低劣，买主对它的评价很低。据说茶地的肥力已经耗尽了，种植者没有办法恢复土地的肥力，也无法开辟新的茶地。由于往海峡殖民地、菲律宾和南洋群岛的移民日增，茶区的劳动力乃愈见稀少和昂贵。最后，对茶叶种植本来可能有的那种恢复能力，也因重税和其他负担而被减弱了。"

厦门英领事馆傅冷卞士君尝将各处茶务，详复英廷，其言足令闻者感伤。彼云：……十年前厦门共产茶二十七兆二亿余磅，距今（光绪廿二年）二十余年，例当增多十数倍，不料反减十数倍。（阙名：论茶务，见求志强斋主人。《皇朝经济文编》卷49，第8页）

光绪十四年（1888），厦门税务司柏卓安在向总税务司呈报访察茶叶情形时说："（厦门）产茶之处，山路崎岖，艰于挑运，厘税脚费，皆比日本为重，难以振作。"由于茶农劳动力减少和种植成本增高等问题，加上受地方动乱影响，造成河道运输及海运不畅，宁洋茶叶外销呈衰退之势。

（二）民国时期漳平茶情

　　清末民初，社会动乱，茶叶销路不畅，生产日趋萎缩。

　　1914年，原宁洋县制茶人刘永发、邓观金用独创的工艺创制了世界上独一无二的紧压青茶——水仙茶饼，在我国产出的数十种乌龙茶品种中，堪称一枝独秀。源于茶品质的提高和包装的改善，漳平水仙茶饼漂洋过海，畅销日本和东南亚各国以及香港、台湾地区。

　　1920年，日本东亚同文会编纂发行《中国省别全志》第十四卷《福建省全志（1907—1917）》。该书第六篇第四节"厦门的茶叶"中记载：在厦门的茶叶贸易中，台湾茶的交易量占很大比例，福建茶只占一两成。通过厦门港出口的福建茶叶，主要产自武夷山、建宁地区北溪流域，其中包种茶占一半。出口到美国的乌龙茶主要产自安溪、宁洋和北溪流域等三个地区，输出到台湾的粗制茶也属此类。

　　根据海关的报告，现摘录厦门港1903年、1912年和1917年三

宁洋县茶农特制的水仙茶饼

年福建茶的出口情况于表1。

表1 厦门港 1903 年、1912 年、1917 年福建茶叶出口情况

担

年份	乌龙茶	包种	小种	合计
1903	3378	3339	196	6913
1912	2310	5039	201	7540
1917	1419	4195	173	5787

《福建省全志》（日本东亚同文会刊行）第六篇第二节之五"龙岩州的茶叶"还记载漳平县茶叶经销情况：漳平县，此地有名的物产是茶、纸张、油和茶粕。这些物产通过九龙江水运到漳州。县内各乡村所产的茶叶都集中到县城，少量贩运到厦门，也有厦门的茶商前来收购生茶，然后运到漳州或厦门进行加工。

茶叶专项调查

民国二十四年（1935）5 月，福建省政府派出第五调查队到漳平县进行特种产业专项调查。调查人员从茶叶历史、茶叶生产、茶叶贸易、茶叶包装与运输、茶叶捐税、茶叶成本、复兴茶业之措施等七个方面，撰写成一份《漳平县特种调查茶叶专项报告》。开篇概述了漳平茶叶历史：

"本县之有产茶，据当地父老言，本省崇安武夷尚未发现以前，本县则有之。至起源于何时，已不复记忆。历来传说，最先发现者为本县人罗某，因夏天出外经商，路经山野，天热口渴，无意中采摘山茶之叶含诸口中，觉清凉心脾，爽快异常。不料竟有此之功效，以后凡遇外出口渴之时，辄采茶叶含之，以作解渴之圣品。但苦于此种茶叶非到处皆有，携带既感不便，

又易损坏。乃异想天开将茶叶晒成干片，而功效非仅不减，反较鲜叶为佳。嗣后逐渐改制，各处乡民又争先仿效，遂成今日之茶叶。制成成品后，颇为精良，故当时本处之茶，声名甚著。"

该报告记载了民国廿三年（1934）漳平茶叶全年产量："上等茶145担，中等茶220担，下等茶185担，合计550担，约占往年最盛时所产数量的十分之三。全县茶叶生产最盛时，全年产量达千余担。"

1936年，全县茶叶总产量75吨。至1949年，全县茶园面积700亩，总产量降至8吨。

泰昌茶庄广告

清光绪二十年（1894），上杭人陈长济、陈长泰兄弟在宁洋县城外下桥（今漳平市双洋镇青云桥）横街开设泰昌茶庄，从事收购茶叶并加工外销，其大宗产品为乌龙茶，产品畅销广东潮汕地区及东南亚国家。泰昌茶品上乘，民国初年在巴拿马太平洋万国博览会和上海博览会上获奖，

泰昌茶庄产品宣传广告单

在福建省第三次国货陈列会上被评为一等品。

泰昌茶庄十分注重产品质量和广告宣传。时隔百余年，现今

还遗存该茶庄的四样茶
庄文物：一是泰昌茶庄
的各品种茶说明的宣传
广告单；二是为警示假
冒泰昌茶庄茶品的广告
宣传单；三是泰昌茶庄
铁盒包装的商标印刷样

泰昌茶庄商标广告单

品；四是印有泰昌茶庄篆书、宣传茶叶品牌和相当于瓦当底纹的八
言对联模本。以上四件文物，现存于漳平市博物馆。

在闽西宁洋这样一个山区小县经营茶庄，茶商有这样的远见卓
识难能可贵。现举泰昌茶庄商品广告一例加以评说，以窥一斑：

> 本号设在福建宁洋县横街坊，亲自督办各种岩茶，认真拣
> 选研究多年，发明第一精良奇种，改良装盒历有年。所颇昭信用，
> 当巴拿马赛会时，曾经录奖。又蒙福建实业厅加奖匾额，因此
> 畅销日广，为中外所欢迎。无论居家出外，均极利便。如遇旅
> 行，以及送礼，尤为适用。同胞惠顾者，请阅各种说明及价格，
> 自必瞭然。

该广告列有9种茶，以下节选其中的2种茶如下：

> 野山茶之来历，生于石壁巉岩之处，不假人力之种植，乃
> 天地自然之精气所发生，受雨露之润泽，故气味清淡。饮之能
> 消痞痫，及除一切瘴秽。其茶质浓厚，每用一钱，胜别种数钱，
> 耐泡数次，诚以少胜多之良品也。每小盒洋毫伍角贰正。
>
> 水仙种，性耐寒暑，经霜不变。其气清香，其味甘平，功
> 能消食化痞，生津止渴，清利小便，为提养元神之佳品也。茶
> 味清淡，耐泡数次。每矼洋毫陆角贰正。

广告的最后还有"中华民国十四年六月一日陈泰昌主人披露"字样，并附有各地分售处的茶号。

漳平业界人士这样解读：从泰昌茶庄的产品广告单可知，清光绪年间，泰昌茶庄在省内外各地设有分售处达12家之多，分布在龙岩、汀州、永定、漳州及广东省兴宁、河源等地。泰昌茶庄经营的茶品，属上等品种较多，共有

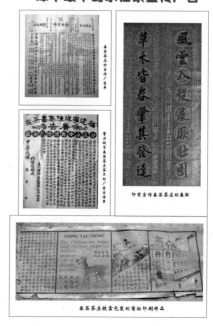

漳平最早的水仙茶宣传广告

9种，分别是野山茶、水仙茶、太苍种、七里柑、玉桂种、奇兰种、苦瓜种、正素兰、金菊种等。这些茶品中，除了野生茶外，人工种植的茶品均属乌龙类茶，这些乌龙类茶品中以"水仙茶"价格最高，每矸为洋毫陆角，其余品种每矸洋毫伍角、叁角不等。

就泰昌茶庄所使用的商标分析，泰昌茶庄的茶品包装十分精致，有自己的商标品牌——中国泰昌 (China Taichong)。光绪癸丑 (1903)，茶庄将包装盒改换成精致的铁盒，包装十分精致，成为人们礼尚往来的馈赠珍品，在当时实属罕见，说明茶商颇有远见。民国六年 (1917)，商标改换成洋版新式印刷，印上"鹿衔芝草"彩图，这在

当时刚兴起的彩印业中亦属罕见，制作成本相当昂贵，可见茶庄老板颇费心思，十分注重广告宣传，有很强的商标品牌意识。

从泰昌茶庄防伪广告单可知，当时市场上已经出现了许多假冒泰昌牌子的茶品，由此可见泰昌茶品在当时已经得到社会的广泛认可。泰昌茶品市场知名度很高，备受各界人士青睐，已是妇孺皆知、人人喜爱之茶品，从这一侧面反映了泰昌茶品畅销，生意兴隆。另外，商标有英文品牌及注解，这说明外国人也钟情于泰昌茶品。其时漳平水仙茶已漂洋过海，畅销外国，由此得到佐证。

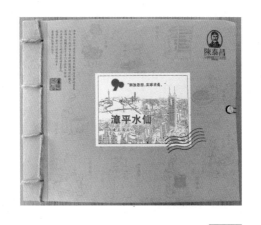

新版陈泰昌茶庄包装盒外观

再者，泰昌茶品宣传广告单中，印有数位名流的题字，如当时宁洋县正堂戴培基"香国同春"题词，宁洋县知事吴锦"云腴妙品"题词，福建省实业厅李厚恩厅长"余甘旧种"题词。由此可见，当时泰昌茶庄的茶品，还得到了官方的认可，给予很高的

现代版陈泰昌茶庄装茶盒

评价，备受上层名流、社会各界人士和中外友人的推崇和喜爱。

综上所述，清末民初宁洋水仙茶已成为当地特产一大品牌，声名鹊起，享誉八方。

（三）1949 年后漳平茶业的发展

中华人民共和国建立后，人民政府重视发展茶叶生产，鼓励垦复、扩种茶园，给予资金支持。周恩来总理对漳平水仙情有独钟，他得知水仙茶具有防癌功能，在 1956 年会见日本朋友时，专门给日本客人推荐和介绍水仙茶。

20 世纪 60 年代，除水仙品种采用无性繁殖外，其他仍以茶籽直播繁殖为主，少量采用短穗插、压条苗等无性繁殖。1963 年，全县新开垦茶园 2700 多亩，茶园所需种苗除了自采种子自育茶苗外，另从安溪、云霄、平和农场调入种苗以供种植需要。1975 年后，全县建立南洋、新桥、象湖和县茶果场等 4 个育苗基地，全部采用无性繁殖苗，做到自给有余。

在计划经济年代，茶叶属于国家管控二类物资，全县茶叶由漳平县土产公司独家经营收购。水仙茶主产区南洋乡茶叶种植面积迅猛发展，产量大幅度增加，而茶叶价格一直在低谷徘徊，严重影响了茶农的生产积极性，导致茶园大面积毁弃抛荒。为了增加茶农收入，南洋乡于 1979 年春，利用小车茶场机械设备、厂房进行茶叶加工精制，把生产的水仙茶产品销往广东汕头、潮阳等地。这种货真价实的精制水仙茶，深受广大消费者青睐，产品供不应求。

1978年6月，南洋乡在集镇所在地动工兴建茶厂和职工宿舍，占地面积达1041米²。同年12月，南洋茶厂竣工并投入生产，购置全套制茶加工设备，总固定

双洋镇中村1950年代自制水力揉茶机

资产30余万元。在当时关、卡、压严峻形势和银行不肯贷款的情况下，南洋乡自筹资金，创办了漳平县唯一的茶叶精制加工厂，从办厂至2001年，生产加工茶叶23549.7担，产值1733.34万元，出口创汇1030万元，上交税费利润118.7万元，成为漳平县茶叶出口创汇的龙头企业。

1983年，南洋全乡户均1亩茶园，所产茶叶远销广东汕头、潮州、澄海和海南等地，并出口东南亚各国，成为外贸出口创汇的土特产品之一。1976—1990年，该乡茶叶出口1281.45吨，出口交易额1128.39万元。

1990年12月，漳平撤县建市。当年，漳平茶园面积发展到20787亩，茶叶总产达463吨，以乌龙茶产量最多，占总产量的

91%。全县 16 个乡镇均有种茶，以南洋、新桥、象湖、和平、双洋等乡镇为主产地。所产水仙茶饼，以形、色、香、味兼优，畅销闽西南及广东、香港一带，被福建省茶叶学会列为福建省名茶之一。

南洋茶农 1990 年采茶图

漳平建市后茶产业发展

1995 年，漳平水仙茶在第二届中国农业博览会上获金奖。其后，在历届福建省茶叶评审会上均获名优茶奖，成为中国名茶成员。

据 2000 年统计，漳平市茶叶总面积 17089 亩，总产量 713 吨；其中，南洋乡 7489 亩，占总数的 43.8%；产量 304 吨，占总数的 42.6%。全市茶叶种植面积较多的乡镇依次为南洋、双洋、象湖、新桥、双洋、永福。

2001 年，南洋乡向日本出口水仙茶近 100 吨。该乡上半年茶叶特产税收入达 7 万余元，全乡有三成的农民因种茶而致富，茶农人均年收入 4 千元。

2004 年，漳平市委、市政府把茶叶产业列入全市 16 个重点发展产业之一，出台了一系列茶产业发展优惠政策，由此，全市上下兴起种茶高潮，其后形成以漳平水仙、台湾高山茶、铁观音为主的三大名茶共同发展的良好局面。其中，南洋、双洋两镇为漳平水仙茶主产区。

近年来，漳平水仙茶产业以建设"高产、优质、高效、生态、安全"现代茶产业体系为根基，以科技创新为手段，以品牌建设为抓手，逐步形成"漳平水仙茶"特色品牌，漳平水仙茶产业发展粗具规模。现有水仙茶茶园面积近 5 万亩，种植水仙茶农户近 4000 户，茶叶产量达 5000 吨，总产值超 10 亿元。水仙茶叶企业有 160 多家，有注册商标的 98 家，茶叶专业合作社 63 家，水仙茶家庭农场 534 家。2015 年漳平水仙茶公用品牌价值达 8.66 亿元，居全国第 61 位。

水仙茶获奖殊荣

1990 年漳平撤县建市后，漳平水仙茶主要获奖殊荣如下：

1995 年，第二届中国农业博览会　金奖

2000 年，中国茶叶博览会收藏　中国名优茶

2002 年，中国（福州）国家茶博会　银奖

2004 年，中日韩国际茶文化交流会茶王赛　五星级国际茶王

2006 年，第七届广州国际茶文化博览会　名茶

2007 年，"凯捷杯"中华名茶鉴评会　一等奖

漳平水仙茶获奖证书

2008 年，中国（北京）国际茶业博览会　金奖

2008 年，第八届"中茶杯"全国名优茶评比　金奖

2009 年，第六届中国（北京）国际茶业博览会　金奖

2009 年，中国（上海）国际茶业博览会　特别金奖

2010 年，中国（上海）国际茶业博览会　特别金奖

2011 年，第九届"中茶杯"全国名优茶评比　特等奖

2011 年，第八届"闽茶杯"名优茶鉴评会　金奖

2013 年，第十届"中茶杯"全国名优茶评比　特等奖

2015 年，第十二届"闽茶杯"名优茶鉴评会　金奖

2016 年，第三届中国世界功夫茶大赛　金奖

2017 年，第六届海峡两岸茶文化季暨"秋茶"茶王擂台赛　茶王

2017 年，第十五届中国国际农产品交易会　金奖

1991 年至今，荣获历届福建省名优茶鉴评　名优茶奖

1995 年，漳平水仙茶荣获第二届
中国农业博览会金质奖

五

独特工艺溢芬芳

—

▌(一)水仙茶特点

九鹏溪流域面积 655.5 平方公里，是漳平水仙茶的主产区，其优越的自然环境，形成了漳平水仙茶独特的品质。

漳平水仙茶属乌龙茶类，茶梗粗壮、节间长、叶张肥厚、含水量高且水分不容易散发。外形条索紧结卷曲，似"拐杖形""扁担形"；毛茶枝梗呈四方梗，色泽乌绿带黄，似香蕉色，"三节色"明显。内质汤色橙黄或金黄清澈，香气清高细长，兰花香明显，滋味清醇爽口透花香。叶底肥厚、软亮，红边显现，叶张主脉宽、黄、扁。

———

漳平水仙茶山一瞥（李梅英摄）

水仙茶饼模压造型（林天南摄）

漳平水仙茶有水仙茶饼和水仙散茶两种产品。水仙茶饼结合了闽北水仙与闽南铁观音的制法，用一定规格的木模压制成方形茶饼，是乌龙茶类中唯一的紧压茶。品质珍奇，风格独一无二，极具浓郁的传

漳平水仙茶饼及制作工具

统风味。香气清高幽长，具有如兰气质的天然花香。滋味醇爽细润，鲜灵活泼。可久藏，耐冲泡，茶色赤黄，细品有水仙花香，喉润好，有回甘。更有久饮多饮而不伤胃的特点，除醒脑提神外，还兼有健胃通肠、排毒、去湿等功能。

漳平水仙茶感官品质（林天南摄）

（二）漳平水仙茶制作工艺

目前所能见到关于乌龙茶制法的最早文字，要属清人陆廷灿《续茶经》中引述王草堂《茶说》所记："武夷茶采后，经晒青，摊而摇，香气发即炒。既炒既焙，复拣老叶、枝蒂，使之一色。"这段话虽短，却概括了乌龙茶制作的基本程序。

分拣茶梗（陈秀容摄）

作为乌龙茶类中的紧压茶饼，漳平水仙茶制作在沿袭传统的基础上，在细节上加以创新改进，凸显其独特的制作工艺，在国内属首创。2017 年，"漳平水仙茶传统制作技艺"项目，被列入福建省第五批省级非物质文化遗产代表性项目名录。

漳平水仙茶制作工艺流程图（詹柏山摄）

漳平水仙茶饼制作工艺流程：鲜叶—晒青—晾青—做青（摇青与晾青交替）—杀青—揉捻—模压造型（造型与定型）—烘焙。

①鲜叶：以成熟的中小开面2—3叶为最佳，要求鲜叶新鲜、完整、均匀，一天中以午青最好。

②晒青：晒青程度依鲜叶的性状（厚薄、老嫩）而定，要求叶绿色转深，失去光泽，减重率在5%左右，晒青叶含水率为73%。传统水仙要求减重率为10%—15%。

③做青（摇青与晾青交替）：在适宜的温湿度等环境条件下，叶细胞在机械力的作用下不断摩擦损伤，在退青与还阳的交替中，形成以多酚类化合物酶性氧化为主导的化学变化，以及其他物质的转化与积累的过程。掌握"轻

晒青（陈秀容摄）

69

摇青,薄摊青,长晾青,轻发酵"的原则。做青不当,易产生青浊气、臭青味、酵味、黄红味、苦涩味等异味。

④杀青:杀青主要目的是钝化各种酶的活性,经过杀青后大量低沸点青草气物质尤其是青叶醇得以挥发,热和酶促作用使新的香气成分大大增加。杀青掌握"高温杀青、抖闷结合(多闷少扬)、嫩叶老杀、老叶嫩杀"技术,杀青机温度270—300℃,炒至叶子手握可成团,炒青叶减重30%—40%时为宜,适度叶含水率在35%—40%。

⑤揉捻:揉捻技巧应掌握"趁热、重压、短时",通过外力作用,以达到揉出茶汁、揉成条索之目的。

———

杀青(陈秀容摄)

———

揉捻(陈秀容摄)

模压造型

　　⑥模压造型（造型与定型）：用16厘米见方、白色、洁净的茶叶滤纸铺在桌上，然后将底4厘米见方、高12厘米的薄木板制成木模放在纸上。取15克左右的揉捻叶放入木模内，再用高16厘米、底4厘米见方的木模槌套入木模内，把揉捻叶压实成块。而后垫封定型，用白纸把捻叶包紧，使之成为边长约4厘米、厚约1厘米的方形茶饼，厚度不宜太厚，紧实度不宜过紧，成品控制在每公斤70个左右，便于烘焙质量的控制。

　　⑦烘焙：是为了再次清除茶叶中的水分，以便更好地保藏贮存。水仙茶饼烘焙一定要采取初烘（走水焙）—复烘—足干步骤。

（三）制茶工艺注意要点

　　茶叶采摘五不采：雨天不采，露水未干不采，过嫩不采，过老不采，农药安全期未过不采。

　　漳平水仙各季的采摘适期见表2。

表 2　漳平水仙茶采摘期

季别	发芽时期	采摘时期
春茶	3 月中下旬	4 月中旬到 5 月上旬
夏茶	5 月下旬	6 月中、下旬
暑茶	6 月下旬	7 月中、下旬
秋茶	8 月上旬	9 月中、下旬
冬茶	9 月下旬	10 月下旬

采茶场景（李梅英摄）

茶叶采摘标准，以茶尾梢半开面采摘三至四叶为宜。这种茶叶制成成品，色泽油润，外形紧结，香气高，滋味甘醇，耐冲泡。

晒茶三注意：晒茶时应注意避免三种情况：光照强，在水泥板上晒青，雨淋。

晒茶青的程度，以手提茶梢茶叶微下垂、叶面失去光泽、失水15%左右为好。晒茶青最好用凉筛（竹编编制有孔眼），每筛摊茶青0.5公斤左右。其优点是摊青、翻青容易，不易损伤，光照均匀通风好，搬移便捷。晒茶时应勤翻，防止晒死或烫伤，这是制茶最关键的工序之一。晒茶青工具最好用竹篾笼，不要把茶青压得过紧，避免闷死。

晾青三不能：摊凉茶青，室内不能有异味；室内温度不能过高；晾青期间不能随意挪动。

茶晒后搬进室内，在木架上晾青，其作用是调节茶叶内部水分平衡，待其"返阳"（俗称行水）恢复茶叶原状（大约需要1个小时）后，才能开始摇青。

摇青五看：一看茶叶返阳程度；二看茶叶失水程度；三看叶缘

做青（陈秀容摄）

损伤程度；四看茶叶发酵程度；五看茶叶变化状态。

摇青要反复进行三四次，其规律是"先轻后重"。

炒青二适度：炒青时注意火候适度和炒青干湿度适度。

揉捻二不准：揉捻时间不能过短或过长；揉捻不许过紧或过松。

烘焙三注意：烘焙直接关系着茶叶的质量和外形。烘焙时应注意火候，注意及时翻拌，注意烘焙干度。

纸包四方块茶在揉捻后就应立即定型。将茶叶捻成团直接放进高 16 厘米、宽 4 厘米的四方模具内，把木槌套入模内，春紧压实后，拿掉模具，用茶叶滤纸包紧，垫封成形，放入烘箱烘烤。烘烤期间要经常翻动，使茶饼正反面不烤焦、干度均匀。

茶山花仙子（李梅英摄）

　　总之，水仙茶的制作过程工序繁杂，科技含量高，技术性强，必须"看青做茶"。因为它关系着采摘、山地条件、施肥、气候及制作过程中的各道工序，要灵活掌握才能制成优质茶。

（四）水仙茶制作流程歌

　　漳平水仙茶每一道加工流程，制作严谨，技艺精巧。晒青、晾青、

茶山采茶

萎凋、静置、搅拌、杀青……再经几番揉捻后，用木模具将茶叶舂压成型，而后包纸定型，用纸包好的茶饼经由烘烤终为成品。在烘烤过程中，一缕缕浓浓的茶香，淡淡的茶味飘在烤房内外，足以吸引几十米远的过路人前来探问究竟。经过这些工序制成的水仙茶饼，经久藏，耐冲泡，细品有水仙花香，润喉好，有回甘，除醒脑提神外，还兼有健胃通肠、排毒去湿等功效，实属茶中极品。

福建归侨女作家陈慧瑛在《茶之死》里对制茶做这样的描写："盈绿的青春，妩媚的笑靥，……可她却甘心把万般柔肠、一身春色，全献于人间。任掐、压、烘、揉，默默地忍受，从无怨尤；在火烹水煎里，舒展娥眉，含笑死去……"最妙的是"娥眉"，颇具古典美，作为少女与茶共融的寓意，慧心独运，新颖而灵巧。而闽西文人周木发则以古诗新韵创作了八首《水仙茶制作流程歌》，诗云：

一、采青

采摘小至中开面二三叶，及时运送茶厂，运输过程避免压青、闷青、损伤、发热、红变。

清溪两岸云雾开，肩背竹篓上山来。

俯首低吟采茶曲，三片芳鲜巧手摘。

二、晒青

将鲜叶均匀摊在米筛、竹席或晒青布上晾晒。晒青适宜弱光和中强光，以第一、第二叶呈凋萎状态，叶面失去光泽，叶缘稍卷，青气减退，香气显露为宜。

轻搬鲜叶下山岗，均匀晾晒沐中阳。

青气消减英华敛，欲将平淡化清香。

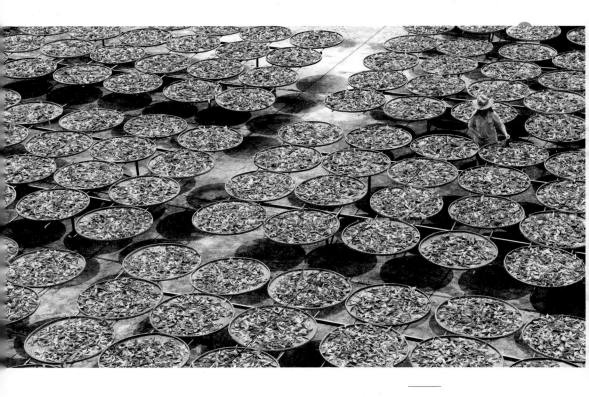

晒青（张晓玲摄）

三、晾青

　　将经过晒青的鲜叶摊匀上架，放于室内阴凉通风处，让其散发热量、调节鲜叶内部水分，恢复鲜叶活力。

　　轻盈上架乘阴凉，沐浴清风享闲暇。

　　水分均衡活力显，凝含精粹酝芳华。

四、做青

　　做青须摇青与静置交替进行，一般做 4 次。做青之后，茶叶手握如棉，叶面黄亮，叶缘红点显明，呈汤匙状，花果香显露。

翠华淡淡摇复摇，柔软身姿换新装。

黄绿边缘缀红点，初闻仙气花果香。

五、炒青

锅温控制在300—260℃，先高温后低温，炒至清香显露、叶色黄绿、叶片卷皱、握能成团、放能散开且捎带黏性为止。

竹树山花送暖风，添柴香灶火初红。

温热锅中旋转舞，翻天覆地练神功。

水仙茶香制茶忙（张巧玲摄）

六、揉捻

揉青须"趁热、重压、短时",揉捻力度为"轻—重—轻",时间5—10分钟,将茶青揉至呈条状、汁液略有渗出为止。

一重一轻揉复捻,脱胎换骨展新颜。

几番修炼升华后,青叶遂成茶中仙。

七、定型

铺开热封型滤纸,上置内边长4厘米 ×4厘米的木模,放

水仙茶饼定型包装

入 15 克左右已揉捻好的茶青，再用木槌加压。移开木模后将纸包扎紧、热封定型。

含英仙子入方城，加压木槌定造型。

白衣素雅仙姿显，风度翩翩绝世尘。

八、烘焙

采取初烘（90—100℃）—复烘（60—70℃）—足干（40—50℃）的程序，烘焙过程须不时翻动，烘至含水率 4%—5% 为止。

烘炉顶上修正身，水分蒸发更轻盈。

日月精华身内敛，五湖四海颂芳名。

六

水仙佳茗兰桂香

一

来到漳平，喝一杯爽口的水仙茶是最自然不过的事了。喝茶是有讲究的，有品、喝、饮之分。好茶人常在小庭院里，大树下，立一张小桌，用一个积有厚厚茶垢的小茶壶泡一壶茶，慢慢喝，悠闲自得。在你端杯水仙茶细斟品啜之余，那幽兰芬芳气味定使你心旷神怡，赞不绝口。

（一）平生爱喝水仙茶

闽西知名作家黄瀚在《爱喝水仙茶》一文中如是说：

平生爱喝茶。初始喝茶随心所欲，不拘一格也不专挑一味。或牛饮或品呷，或解渴或待客，不过就是一杯茶嘛。喝粗茶，也喝过一些名茶。粗茶是妇人上山采撷，也不知是什么品种及其优劣。采来幼芽，揉出叶汁，放入锅中文火慢炒则成。泡入水中，喝进肚里，一样的有滋有味。名茶，比如龙井茶，是特地到杭州市郊的龙井村喝的。看茶叶一片片薄如蝉翼，在玻璃杯水中浮游沉降，慢慢舒展开来像一朵朵玉兰花。其味虽然清淡，但喝茶时的视觉感受，却很新奇。后来日常所饮，大都是乌龙茶。好的有武夷岩茶，有安溪铁观音茶。各种茶的味韵不同，喝来各有千秋。

但是喝来喝去，最爱喝的却是漳平水仙茶。我爱喝水仙茶，并非一见钟情，而是日积月累知情知性，以致如痴如醉，成瘾成癖。一者这是家乡茶，一方水土养一方人也养一方茶，乡情所系，故也口味添香。何况那是当地买来的，既方便又新鲜，喝久了习惯成自然。但也有外乡人，喝过了水仙茶，同样念念不忘，事过多年还四处求购，可见也不单纯是家乡情结的缘故。二者水仙茶的色香味俱全，确实是茶中上品。要说起水仙茶的茶品，若以人品诗品相拟，则是疏野、清奇、劲健、飘逸四款尤为突出。一曰疏野，是水仙茶头吃土，尾吃露，纯天然。其身处于山坡野谷，承阳光雨露，饮山岚雾气。不娇媚，不孤傲，疏淡放纵，野性天成。二曰清奇，是水仙茶清而纯正，奇而谦逊。其茶色蜜黄澄澈，其韵味沉隐不露，头道茶尚不见得好坏，要等到第二道、第三道，才有一股幽幽的桂花香味飘逸而出，恍若是"千

分茶（黄笑梅摄）

茶禅一味

呼万唤始出来"的绝色美人。三曰劲健，是水仙茶味劲有力，强身健体。水仙茶耐泡，泡到第五、六遍还是茶色清澈，茶味芬芳，茶韵甘醇。其禀性自然，可以解渴，也可以提神，不伤脾胃，还有助消化。四曰飘逸，是水仙茶的喉味悠扬，逸韵飘渺。饮茶之后，尚在喉舌留下甘味，让人顿时变得神清气爽，释去浮躁纷急之气，则是最好也是最实在的收获。古人有"七碗生风"之说，喝了水仙茶，始信此说不谬。水仙茶既有这些品性，怪不得一些朋友也爱喝，都说是纯天然、无污染的好茶。

引世人瞩目的是纸包水仙茶这种传统产品，更是少不了手工的精心制作。纸包水仙茶制作繁杂，工艺精湛，是福建名茶之一。纸包茶在揉捻这道工序之后，即用白纸包起进行焙干，茶的原生香味不易散发，因此泡起来香味喉韵也就特别浓郁持久。平日若去出差，我常常带上小袋纸包水仙茶叶，旅途方便冲泡。别人笑我不厌其烦。我则说，平生爱喝茶，更爱喝水仙茶，一日不可无此君啊！

（二）品茗撷英

一般说来，如何冲饮水仙茶，让饮茶的过程赏心悦目，尽得茶滋味，使之有益身体，此谓之茶艺也。而在品饮之中如何洗尽铅华，醍醐灌顶，甘露洒心，通过交流或静悟，茅塞顿开，使心胸阔朗，精神振奋，人品升华，从而大有益于人生，则谓之茶道也。

改革开放以来，随着人们生活质量的提高，饮茶风习普及神州，品茶艺术也随之提升。品茶陶冶了大众的高雅情趣，提升了国人的文化品味。

品茶讲究审茶、观茶、品茶三道程序。审茶是指泡茶前要先审看茶叶。观茶是看茶叶的形与色。第三步才是品茶，品茶既要品汤味，还要嗅茶香。嗅茶香先是干嗅，即嗅未经冲泡的干茶叶。茶香可分为甜香、清香等，茶叶一经冲泡之后，其香味便会随之从水中散溢出来，此时便可以闻香了。

斟茶

品茶的茶具包括茶壶、茶海、茶盘、茶托、茶荷、茶针、茶匙、茶拨、茶夹、茶漏、养壶笔、品茗杯、闻香杯等 20 余种，其中的闻香杯乃专供闻香用的。闻香之后，用拇指和食指握住品茗杯的杯沿，中指托着杯底，分三次将茶水细细品啜，这便是品茗了。

漳平水仙茶臻品有"水仙公主"与"水仙王子"。"水仙公主"为兰馨型，赏其韵清芬，优雅醇绵；源于水仙茶品具有清淑之气，如兰隽秀馨香。"水仙王子"为岩桂型，赏其香馥郁，酽醇甘润；优质产地的水仙茶香郁似桂，"岩桂"取之于桂花之别称，开花时

水仙茶臻品

水仙王子

岩桂型

香气馥郁 醇醇甘润

干茶色泽乌褐间金黄，
红点明；内质香气馥郁、
鲜锐，滋味浓醇、醇爽，
汤色橙黄明亮，叶底软黄
亮，红边显。

水仙公主

兰馨型

香气清芬·优雅醇绵

干茶色泽青褐间蜜黄，
起红点；内质香气清高、浓
郁，滋味细爽、鲜醇，汤色
金黄明亮，叶底软黄匀亮，
红边匀明。

漳平水仙茶臻品

浓香致远，象征桂冠。其品茗要点如下：

水仙公主（兰馨型），外形为扁平四方形，剔梗精选，色泽青
褐间蜜黄，起红点；内质香气清高浓郁，滋味细爽鲜醇，汤色金黄
明亮；叶底软黄匀亮，红边匀明。

水仙王子（岩桂型），外形为扁平四方形；剔梗精选，色泽乌
褐间金黄，红点明；内质香气馥郁鲜锐，滋味浓醇醇爽，汤色橙黄
明亮；叶底软黄亮，红边显。

（三）品鉴精要

　　漳平水仙茶属半发酵乌龙茶，茶饼古色古香，具浓郁的传统风味。香气清高幽长，具有如兰气质的天然花香，滋味醇爽细润，鲜灵活泼。这些都是因其制作十分讲究，极具灵活性、艺术性的结果。其药用疗效与营养价值十分明显，具有"减肥、美容、养胃"和"防癌、抗衰、降血脂"等保健养生之特别功效。其品鉴精要分列如下：

　　冲泡方法：水温 100℃左右，冲泡 3 分钟左右。

　　茶具：紫砂壶，白瓷盖碗。

　　外形：呈正方形，色泽青褐间蜜黄，或乌褐间金黄。

　　滋味：醇厚回甘。

　　香气：馥郁持久，具花香。

　　汤色：金黄或橙黄，清澈明亮。

　　叶底：肥厚软亮，红边鲜明。

（四）品评鉴赏

　　优质水仙茶饼的品质，主要有两种类型：一是桂花香型，主要特征是色泽乌褐间金黄，红点明，茶区俗称"'三色茶'明"，香气清高似桂，花香显，特征明，滋味醇爽，汤色橙黄明亮，叶底黄亮，红边显。二是兰花香型，主要特征是色泽青褐间蜜黄，起红点，亦称"'三色茶'显"，香气清高似兰，芳香细长，品种特征显，滋味细爽，汤色金黄明亮，叶底黄软匀亮，红边明。

从外形上看，漳平水仙茶饼呈正方形，干茶色泽青褐间蜜黄，或乌褐间金黄。冲泡后，内质香气清幽，或似兰花或如桂花，馥郁持久，汤色橙黄明亮，叶底肥厚完整，黄亮显红边。入口后，滋味醇厚、活泼，又润滑回甘。

（五）冲泡方法

冲泡漳平水仙茶，应掌握以下要点。

茶具：冲泡茶具为白瓷盖瓯，饮杯为白瓷杯或内壁为白瓷的紫砂杯，便于观色。

合理的茶水比（重量）：掌握茶水比 1 ：（12—15）为佳。

水质与水温：水质很重要，天然山泉水最佳，日常以矿泉水替代；水温为现沸的水，不宜久沸或重沸；为提高冲泡效果，置茶前茶具须烫洗，温润泡应快速。

冲泡时间：第一泡需适当延长，50—60 秒左右，第二、三泡40 秒，四泡后随冲泡次数增加逐次延时。

茶叶用量：可依个人喜好，适当调整茶叶用量和冲泡时间，建议不饮浓茶。

品茗之家

（六）水仙茶功效

　　漳平水仙茶饼外形呈方形，内质香气花香显著，滋味醇厚鲜爽，茶性温和，内含抗癌物质，常饮具有醒脑提神、健脾养胃、消食降脂、排毒养颜、防癌抗衰等功效，实属茶中极品，是品茶保健养生之首选。

（1）提神醒脑：水仙茶可以帮助人们振奋精神，消除疲劳，起到提神醒脑的作用，从而提高工作效率。

（2）防治高血压：水仙茶中含有儿茶素类物质，儿茶素所发挥的功效对预防高血压非常有效。经常喝水仙茶，对防治高血压、血管硬化和冠心病大有益处。

（3）抗辐射：水仙茶所含的儿茶素，可以有效减少原子辐射和放射性元素锶等对人们的伤害。常饮水仙茶，可抗辐射，大大减少城市污染和放射性物质辐射对人体的危害。

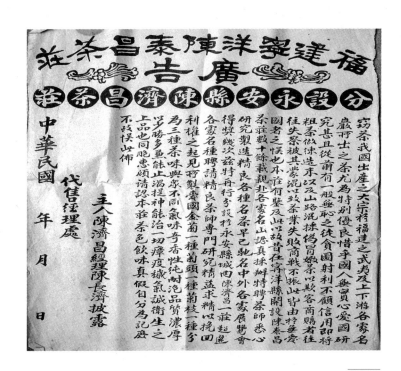

民国宁洋茶品广告写明药理功效

（4）减肥：水仙茶能够调节脂肪代谢，对脂肪有很好的分解作用；同时，对增强血管韧性和弹性都十分有利。

（5）改善肠胃功能：水仙茶中含有咖啡碱，具有增强胃液分泌、帮助消化的作用。因此，水仙茶具有改善肠胃功能之功效。

七

水仙之旅到茶乡

一

　　漳平位于九龙江上游，是全国著名的茶乡、画乡、花乡、奇石之乡。这里孕育的"四乡文化"已成为海峡西岸经济区建设一道亮丽的风景线。而位于九龙江主要源头九鹏溪畔的南洋镇，凭借其当地传统特色的茶文化和得天独厚的地理条件，散发出生态小镇的无穷魅力。

　　南洋镇总面积96平方公里，截至2018年10月，全镇共2722户，常住人口9716人。2013年撤乡设镇。境内原生态植被保护完好，森林覆盖率达88.1%，动植物资源丰富。九鹏溪景区就在南洋镇境内，其"森林人家" 空气负氧离子含量达到每立方厘米9820个以上，是不可多得的天然氧吧。

　　这里翠翠青山，悠悠绿水，一年四季层林叠翠。两岸青山如屏，

晨曦中的水仙茶园

茶乡之旅指示牌

九鹏溪穿流而过。这里坐拥天台国家森林公园，风光秀丽的南洋九鹏溪景区已成为国家 4A 景区和远近闻名的生态型婚纱摄影基地、省书协书法创作基地。

这里，还有被称为漳平水仙茶"母本活化石"的古茶树、桂花王、古榕树和古樟树。得益于南洋人长期坚持良好的生态环境保护，2012 年南洋镇被命名为省级生态乡镇，2013 年被评为全国第三批"一村一品"示范乡镇和龙岩市十大旅游名镇。

常言道："千里不同风，百里不同俗。"在南洋茶乡旅游，游客可深入了解当地茶俗，体验茶乡文化，以增加旅游乐趣和旅行收获。

南洋茶文化公园（林天南摄）

（一）茶俗文化

　　漳平因茶所演绎出的茶俗文化，形式多样，内涵丰富，魅力无穷。旧时在漳平农村，百姓常有种茶制茶的习惯，经手工制作烘焙揉烤后而成的茶芯（即茶叶），盛于陶瓷瓶里珍藏备用。当家里有客人来时，主人总是从瓮子或瓷瓶里取茶心泡茶，以茶款待客人。

　　主人起身泡茶时，要在杯子或盏中加上一块冰糖，让客人用茶

漳平水仙茶文化节（林天南摄）

匙边搅动边慢饮，并进行唠嗑叙旧，直至冰糖溶化，此茶谓之"冰糖茶"。这种淳朴的茶俗礼仪，在于表达主人对来客诚挚的敬重。一杯冰糖茶慢慢饮，使亲朋交情更加亲近，双方更有讲不完的家常、道不尽的亲情。

在春节期间，漳平农村也普遍存在用"姜茶"奉敬长辈的习俗。姜茶通常由家庭主妇在茶壶中加入茶叶、老姜、红糖煎制而成。倒杯姜茶奉敬家中老人，以祝延年益寿；递杯茶与晚后辈共饮，以表示家庭和睦，人人健康，百病不侵；与邻里聚集，端茶互敬，表达和谐相处、团结互助之意蕴。茶可修身养性，而内涵丰富的茶文化，千百年来滋养着礼仪之邦亿万百姓，令人心平气和，促进了九州繁荣与发展。

漳平茶博馆（林天南摄）

（二）茶艺表演

　　茶艺表演，是展现水仙茶文化、演绎茶礼的表现形式。表演时，茶艺小姐的装束，或典雅，或纯朴，或艳丽，或时尚。表演者一般面容姣好，身材苗条，举手投足或轻巧，或婀娜，如行云流水，极尽夸张渲染，伴以清新悦耳的古典丝竹和解说，使得原本普通的水仙茶冲泡技巧，演绎成一种高雅的表演艺术，让人感觉置身在仙境中，如痴如梦，从而大饱眼福。

漳平水仙茶茶艺表演内涵丰富，彰显了鲜明的地方特色。茶艺表演解说词照录如下。

茶艺表演

第一道：神入茶境。在这"天蓝、地绿、山清、水净"的漳平市九鹏溪景区，泡茶者以端正的仪容，平静、愉悦的心情进入茶境，备好茶具，聆听中国传统音乐，优美的旋律使人们的心灵得以安静，营造一种宁静平和的品茶气氛。

第二道：烹煮泉水。好茶需要好水，且烹煮的水温需达到100℃，这样最能体现漳平水仙茶独特的香韵（兰馨香或桂岩香）。

第三道：沐霖瓯杯。此道也称"热壶烫杯"。先洗茶杯，再洗盖瓯，既可保持瓯杯具有一定温度，又讲究卫生，起到消毒作用。

第四道：鉴赏佳茗。深呼吸，闻佳茗之香，

神入茶境

鉴赏佳茗

顿时便有神清气爽的感觉。水仙入宫，左手拿起已装好水仙茶饼的茶荷，右手拿起茶夹把水仙茶饼夹入瓯杯。

第五道：静洗尘缘。此道又称"温润泡"。一是洗茶，二是对于品茶之人，也有洗去心中的杂念，有清心静神、脱尘离俗之意。

第六道：悬壶高冲。提起水壶，对准瓯杯，先低后高冲入，使水仙茶饼随着水流旋转而充分舒展，促使其早出香韵。

悬壶高冲（陈秀容摄）

第七道：瓯里酝香。从"朴实无华的茶青鲜叶"到"难以言传的杯中茶韵"，在此期间的转变，凝结了一代代茶人的惊人智慧。制成约三指宽的方形水仙茶饼

祥龙巡雨（陈秀容摄）

下瓯冲泡，须等待一至两分钟，才能充分地释放出独特的香和韵。

第八道：三龙护鼎。右手端杯，用拇指、食指夹杯，中指托底，提起盖瓯。持杯稳当，雅观茶杯如鼎。

第九道：行云流水。提起盖瓯，沿托盘上边绕一圈，把瓯底的水刮掉，防止瓯外的水滴入杯中。

第十道：祥龙巡雨。把茶水依次巡回均匀地斟入各茶杯里，斟茶时应低行。

第十一道：点水流香。当斟茶斟到最后瓯底最浓的部分时，要均匀地一点一点地滴到各茶杯里，达到浓淡均匀、香醇一致的目的。

第十二道：敬奉香茗。茶艺小姐双手端起茶盘，彬彬有礼地向各位嘉宾、茶友敬奉香茗。

第十三道：鉴赏汤色。当你观其清澈明亮的汤色，会有一种赏心悦目之感。

第十四道：喜闻幽香。"未尝甘露味，先闻圣妙香"。静下心来，缕缕茶香慢慢沁入肺腑，用心感受这妙不可言的幽幽天香。

第十五道：品啜甘霖。春色不随流水去，茶香时送好风来。漳平水仙茶，舌尖上的海西记忆，永驻你的心田。（茶艺表演解说词，由詹静霞供稿）

（三）斗茶习俗

　　我国民间的斗茶习俗，源于唐，盛于宋，明末清初演变为各类名茶的茶王赛。茶王，做出好茶的能手之称谓也。各地通过茶王赛，相互切磋制茶技艺，交流品茶艺术，不断提高茶叶品质，进而大大丰富了茶文化内涵。

　　自 1994 年以来，漳平市和南洋镇两级政府每年春秋两季都举行"茶王赛"，各级领导和茶叶专家倾心扶掖，以树标杆，引领群众。广大茶农抖擞精神，竭尽才智，以摘取"茶王"桂冠为荣为傲。迄今已有 36 名茶农获得"茶王"

漳平水仙茶王赛评选场景

及"制茶带头人"称号。这一获奖群体，已成为水仙茶制作精英，引领漳平水仙茶精加工的潮流，为漳平水仙茶获得"中国驰名商标"及"中国农产品地理标志"两块金字招牌立下了汗马功劳。

　　在闽西漳平，当地政府和茶叶行业协会每年都组织开展茶王赛事活动。比赛期间，评审专家团严格按照相关标准，采用密码评审办法，对参赛样品从茶叶的外形、汤色、香气、滋味、叶底等多项指标进行评比，通过初赛、复赛和决赛，最终评出名次，给予授奖。

漳平水仙茶参赛样品

提及"水仙公主""水仙王子"的命名，茶农茶商们首先想到他。2013年，时任龙岩市政府副市长的林兴禄先生，于品饮当年秋季茶王茗品时，顿有感悟，提议将水仙茶最突出的兰花香和桂花香分别命名为"水仙公主"和"水仙王子"，以彰显其鲜明特点。这一提议得到在场评茶专家和广大茶农的一致赞同。第二年春季，"公主"和"王子"闪亮登场。漳平茶事活动缤纷炫彩，"仙韵"流传，水仙茶制作进入千帆竞发的繁荣时代，茶王辈出，好茶倍增。

长年以来，漳平市通过不断举办"茶王赛""制茶能手大赛"等各项茶事活动，为当地茶农、茶叶企业营造了一个注重生态种植、改进技术、提高品质的良好氛围。在茶叶生产加工过程中出现的技术

水仙茶艺展示（黄笑梅摄）

问题，均能及时得到省级专家们有针对性的指导，从而为漳平市茶产业健康可持续发展创造了良好条件。漳平市茶叶协会从严把好品质管理关，认真把关"水仙王子""水仙公主"的

—— 品茶图

品质鉴定和包装销售；积极组织茶商送样，认真组织专家审评；对达到臻品水仙标准的茶叶，由市茶叶协会统一用专用包装袋进行包装，再经茶商进行销售。这种做法取得了显著成效，在流通市场中保证了顶级名茶的质量和声誉，赢得社会各界的广泛赞誉。

（四）茶村水仙寮

南洋镇在北寮村建立水仙茶专业合作社，推进"美丽茶村·水仙寮"茶博汇项目开发，建起水仙茶主题公园和茶博馆，建成生态茶园、茶艺表演、民俗展示、茶农家食宿、茶艺雕塑、嬉水漂流等十个旅游功能区。水仙寮茶博汇充分发挥当地悠久的茶叶种植历史和良好的生态资源优势，吸引了八方游客前来游览观赏，在乡村之旅中增添茶文化内容，让游客真切体验"观茶山、品水仙、住民宅、

水仙寮开启乡村旅游仪式

水仙寮茶事活动

尝美味、购特产"之乐趣，从而带动了全镇生态旅游产业的发展，赢得了良好的声誉。

行走在水仙寮，置身在古朴的村庄，远望着黛绿的茶山，汲取着充满茶香的空气，定让你的心情惬意怡然。随便找一户人家坐下歇息，热情好客的主人都会为你泡上一壶水仙茶。那金黄的茶汤，那沁人的茶香，轻啜一口，回味甘甜，定让你没齿难忘。

九鹏溪（林天南摄）

（五）九鹏溪景区

　　国家 AAAA 景区九鹏溪风景区位于漳平市南洋镇，是天台国家森林公园的核心景区之一。该景区于 2004 年正式开发，已建成九鹏食府、公馆茶轩、茶园观光、水上别墅等景区服务设施，开通了往

返 14 公里的水面游览线路。休闲度假的配套设施齐全，建筑风格质朴大方，景区环境与大自然融为一体，溪流两岸的木屋、别墅、茶轩、亭台、浮桥、栈道、花草、树木、茶园……向世人展现一幅色彩斑斓、优美而宁静的自然山水画卷，营造了人与大自然和谐相处的休闲度假环境，令游客耳目一新。

在九鹏溪景区，环境幽雅的公馆茶轩，质朴典雅的木质小屋，雅趣横生的"渔歌唱晚"，装饰豪华的"九鹏食府"，花样精美的"美食风味"，还有幽林鸟语，飞禽鸣蝉，定让您赏心悦目，流连忘返。置身此境，亲近自然，陶冶性情，净化心灵，让你体验到别样的意境与感受，让你的"水仙之旅"更加丰富多彩。

九鹏溪水上别墅

八

水仙茶韵传四方

水仙茶从远古走来，在盛世中溢香。"忆君把盏水仙茗，香馥甘醇怎忘情？莲座观音千载颂，茶坊靓女是菁英。"茶韵飘香，誉满八方，不少文人雅士写下饱含深情的诗篇，赞扬她的甘醇神韵。

品茗闻香（陈秀容摄）

（一）漳平水仙茶赋

　　闽西古邑，漳平宁洋。八面来风，汇水四方。朱熹霞客，名贤来访。景弘扬帆，禅茶朱阳。盛产水仙，声名远扬。把话茶史，源远流长。冷水坑，佳木秀，茂林蓊郁扮靓装。石牛崇，繁阴幽，茶祖古树堪称王。

茶山概观

　　民初引种自闽北，永发携苗辟基地，宁洋茶饼传四方。当代勃兴在南洋，茶农跻身拓市场，茶王桂冠响当当。且看躬耕茶园垦山冈，百姓种植经年忙。中村邓观金，开拓功勋载史册；政府树品牌，产业发展铸辉煌。众茶农，趁势作为，群力自强；茶协会，乐当婆家，主动担当。

　　方块茶饼，惟我独创，驰誉八方；出口英国，屡获金奖，遂成时尚。茶之极品，万里传扬；掐压烘揉，百般柔肠；水火具境，涵养五脏；市场热销，历久绵长。公主王子，精品至尊，翘楚标榜；茶王赛事，推出新品，把盏品赏；空谷幽兰，入口甘爽；香醇滋味，汤色金黄；提神醒脑，功效益彰；修身养性，有益健康；品茗慢饮，口舌生香；了悟禅机，虚静颐养；茶字益寿，百零八岁；以茶养廉，千古流芳；茶圣陆羽，兆民景仰；母本物种，老丛馨香。

水仙茶山采茶忙

山青青，水泱泱，源头活水成绝唱；九鹏溪，乃茶乡，绿色家园呈瑞祥。山巍巍，林莽莽；如帷如屏，层峦叠嶂。巧制作，味鲜甘；推陈出新，茶韵悠长。好山好水出好茶，生态茶乡在南洋。九鹏溪景焕新彩，水上茶乡可徜徉。临水别墅如仙境，公馆茶轩沐晨光。暖洲营，三代科甲登科坊；葫芦寨，文采飞扬翰墨香。茶禅一味，源于盛唐；茶事繁盛，家国恒昌。

茶山晨曦（李梅英摄）

（二）文人盛赞水仙茶

漳平水仙茶，蜚声遐迩，成了文人墨客创作的热门题材。

罗戈锐啜饮水仙茶，兴之所至，赋词《渔家傲·漳平水仙》云："漳平水仙湾间俏，茶中孤品深山傲。气韵如兰风味巧，方饼妙，毛边纸里春秋好。润胃通肠甘未少，鲜灵久饮何愁老。汤色金黄真窈窕，人尽道，杯茗此物堪逢早。"

李天坞作《忆江南》，词赞茶园春晓："春来到，春风似剪刀，裁出水仙翠如玉，九鹏溪头看春晓，只怨春太早。那时节，银花一

水仙飘香（陈秀容摄）

簇簇，摘得满山香片回，佳茗又惹佳人笑，又说春正好。"他在《漳平水仙赋》一文中，这样细品水仙茶之韵味："初漂浮于暗香，气若幽兰，渐旷人之心神，如似玉人，姗姗而来。飘然入室，如玉手拂面，肌骨冰清。不见其人，闻香已销魂。""端其茶来，观其形：翩若惊鸿，宛若游龙。翠玉浮水，叶绿边红。仿佛兮若流水之孤舟，柔弱兮如流风之回柳。远而望之，碧似三千春流水；迫而察之，翠如新柳浮清波。修短合度，片如剪成，边若线缝。红绿相间，美玉天成。芳泽无加，洗却铅华。如玉人，丹唇外朗，皓齿内鲜。"

周木发赋七律《采茶灯》一首，诗云："老树新枝扎瑞根，采茶舞曲古风存。轻灵雅韵传华夏，曼妙弦歌出国门。锣鼓铿锵人抖擞，仙姿妩媚蝶销魂。驰名艺术源何处？福建龙岩美山村。"诗中所赞龙岩采茶灯，通过歌舞表演形式展现茶农采茶的场面和乐趣，反映采茶姑娘上山采茶的欢快情绪，曲调悠扬动听，舞步优美轻快，

龙岩采茶灯

散发着浓郁的茶乡气息和民歌风味，极富地域特点和鲜明的民族特色。龙岩采茶灯，2005 年被列入福建省首批省级非物质文化遗产保护名录。

闽西作家邓韶征在《淡泊水仙茶》一文中写道："俗语说，奢侈烟酒淡泊茶。这几年，每当有朋友自远方来，我都没忘记沏上一杯浓酽的漳平水仙茶相待，和友人细啜慢品漳平水仙茶，漳平山水就在眼前鲜活起来。""漳平茶农在制茶时是十分讲究工序的，从茶叶的采摘、日晒、晾青、摇青、炒青、揉捻、烘焙与复揉，工序十分讲究，技术性非常强。不论你是喝漳平水仙散丝茶，还是饮茶饼水仙茶，你在领略茶农精湛工艺的同时，也一定会感受到漳平水仙茶帮助消化增食量、消除油腻弃脂肪、止痒消肿去毒素等各种功效，那时你所体味的，就不仅仅是茶水甘滋香馥的气息了。""我最喜欢'寒夜客来茶当酒'这一诗句，这是中国一种最古老的关怀，也是最纯朴的一种人性意境。在品饮漳平水仙茶清心爽口的茶汤时，所有繁杂的世事，所有尘世喧嚣纷争，都会荡然无存，心情会豁然开朗起来……"

漳平水仙茶，中国驰名商标

（三）祭祀茶祖诵祭文

在漳平市九鹏溪流域原始森林中，至今还遗存着几十株郁郁葱葱的水仙茶母本树，其中最大的一株被称为"水仙茶祖"，树高 7.35米，围径 1.3 米，树幅 5.5 米，生长在北寮村石牛崠顶的崖峰峭壁间。牛崠顶海拔 1365.8 米，雨量充足，终年云蒸霞蔚，土壤肥沃，生态环境尤佳。这株罕见的水仙茶古树，是福建省迄今为止发现的最古老的一株水仙茶古树，被专家称为"水仙茶母本活化石"。

漳平水仙茶祖树

每年春季，正值漳平水仙茶春茶开采之际，漳平都要举行水仙茶开采节。虔诚的茶农们敬备三牲五谷、清酒香茗、素菜山珍，在司仪的主持下行祭先茶祖赠茶之仪，进行漳平水仙茶祖树王祭祀活动，以此感恩铭记水仙茶对当地茶农的重大贡献。

祭祀漳平水仙茶树祖，由主事者领衔诵读祭文曰：

岁月苍茫，星河流转；农桑绵长，华夏灿烂。

浩瀚乾坤，锦绣山川；山水灵气，化育茶仙。

漳平水仙，绵延千年。茶祖古树，屹立山巅。

种植茶叶，元代发端。历经明清，茶兴路宽。

漳平水仙茶 2014 年开采节祭祀活动

民国共和，蔚为大观。四方茶饼，工艺精湛；

古为珍品，屡摘桂冠。五谷丰登，国泰民安。

风调雨顺，产量翻番。茶和天下，交谊言欢；

茶道茶礼，茶艺精专。品茗回味，幽谷空兰。

国饮名茶，果不虚传；风味珍奇，醇正回甘。

两腋生风，滋润心田。中华盛世，致富高谈；

时逢今岁，缘结水仙；饮茶思源，祭祖颂贤；

共祭茶祖，同祈宏愿：兴我茶业，佑我乡关。

天降恩泽临万户，地施福祉惠茶山。伏维尚飨！

（本章水仙茶赋和茶树祖祭文为本书作者所撰）

九

薪火相传铸辉煌

（一）奇特的水仙茶饼

漳平水仙茶饼，别名"纸包茶"。水仙茶饼创始于清末民初，当时的茶人根据漳平水仙的特点和制作经验，综合闽南、闽北乌龙茶制作的工艺，加上一道木模压制工艺，把水仙茶制成茶饼。其外形呈火柴盒状小方块，深黄绿色，冲泡时一般一块一泡。冲泡后茶叶舒展，茶汤呈浅黄绿色，花香明显，如幽长的兰花香，茶汤滋味鲜爽甘醇。

漳平茶农将水仙茶制成方块纸包茶，创制了世界上独一无二的紧压青茶——水仙茶饼。其包装办法是，先铺上招牌纸，放上四方木框；将制好的茶叶捻成团直接放入高 16 厘米、宽 5 厘米的四方模具内，把木槌套入模内，舂紧压实；拿掉模具，迅即用茶叶滤纸包紧，垫封成型，放入烘箱烘烤，先以热炭烤去水分，后改文火进行焙烤，使茶叶

制作水仙茶饼

水仙茶韵

宁洋旧县城，双洋镇远景

的香气和滋味再次得到凝聚、提炼。

经过改进包装后的漳平水仙茶，茶味芬芳，茶韵甘醇，乃茶中上品；四方形包装的茶饼大大便利了远途运输和出口海外。自此以后，茶商生意越做越红火，茶产量随之大大增加，水仙茶热销海内外，备受客户青睐，引起海内外茶商的广泛关注。

十几年前，原福州军区副政委王直将军在接见双洋镇中村老区代表时，高兴地接纳漳平茶农所赠的水仙茶饼，激动地说："中村的水仙茶，在 20 世纪 30 年代是四方包装的，现在仍是四方，数十年来没有改变包装样式。这样包装的水仙茶饼，真是棒极了！"水仙茶饼的独特韵味，让王直将军一饮上瘾，回味无穷，没齿难忘。

（二）推广功臣邓观金

邓观金 (1899—1992)，漳平水仙茶推广功臣，双洋镇中村人。清光绪二十五年 (1899) 他出生于一个农民家庭，年轻时，除种田外，为谋求生活出路，当过兵，打过铁，学过木工，还做过打笤师傅。但这些手艺，他都没有学到家。后来，他下决心学好种茶制茶技艺。

民国二十一年 (1932)，邓观金拜当地有名的制茶师傅刘永发为师，他在向师傅学习制

推广功臣邓观金

茶技术的同时，又购得水仙茶苗 200 多株，带回双洋镇中村种植。此后，他每年都扩种一片茶园。

至民国二十六年，他的茶园已种植 3000 多株茶树，年产 1 吨左右的成品干茶。这时，他请师傅刘永发到他的茶场亲自指导他制作水仙茶饼。经过数年的制茶实践，感到自己的制茶技艺基本成熟，可以独当一面了，才独自制售水仙茶饼。

邓观金知道，要打开水仙茶饼的销路，单靠牌子是不行的，关键在于提高质量。为此，他严格把好采摘、晒青、晾青、摇青、炒青、

揉捻、定型、烘焙等每一道工序，靠质优量多取胜，逐步占领市场。他推出的"邓金记"品牌水仙茶饼，逐渐扬名茶市。除宁洋县城外，还与漳平、龙岩等地茶商建立了固定的销售关系，推销他的"邓金记"水仙茶。

邓观金经过多年实践，积累了丰富的栽培、加工、制作水仙茶饼的经验，他所制水仙茶色、香、味俱佳。他采用扦插育苗法，比压条法更省工、省时，总结出茶园选址要选上午向阳、下午背阴的山坡地；采茶要快摘、少抓、轻放、少压；晒青不可用手指扒开，只能用茶匾簸展开来。杀青是制茶的关键，他认为通过揽青、筛摇数遍，使茶青去涩增香，至叶片呈"红边绿心"时才恰到好处，然后再经炒青、揉捻、造型、烘焙等工序，方可制成茶饼精品。

他一向采用轻手（即慢操作法）制作茶饼。此法既能保证茶叶质量，延长保存时间，又能保持产品信誉好、招牌红、销售快。他在实践中不断改进和创新，善于把握商机，确实有效地打开茶叶销路，以高品质茶叶占领市场份额，产销两旺，从而在民国时期成为宁洋县一方富户。

1951年土地改革时，他被评为手工业资本家，茶园和部分财产被没收。土改后，他以民间草药给村民治病为生。1956年农业合作化时，当地集体利用他的一技之长，安排他到高级社茶厂培训和指导社员制茶，社员们很快学会了基本的制茶技艺。缘于此，中村的茶叶生产得到较快发展，逐渐成为该村支柱产业。此后不久，中村成了漳平县乃至龙岩地区的重点产茶村。

改革开放后，邓观金发挥自身特长，以高超拿手的制茶技艺，从事水仙茶生产与专业加工，很快名闻全县，声名远扬，成为全县屈指可数的水仙茶加工大户。1990 年，92 岁的邓观金把所有制茶技艺，毫无保留地传授给他的养子邓金贵，并由他继承"邓金记"的牌子。另外，有保留地传授给养女婿王廷华部分技艺，王廷华另打造招牌"正金记"。其后，这两家制茶技艺都有所发展，所制茶饼的质量也不相上下，均得到邓观金老人的赞许。1992 年 2 月 11 日，他因病辞世。

（三）传承群体发扬光大

清朝末年，双洋镇大会村刘永发从建瓯县水吉镇引入水仙茶苗种植，开一代制茶之风，成为漳平人种植水仙茶的鼻祖。刘永发技传邓观金，制作技艺得到新的发展。随后的第三代、第四代传承人进一步完善和发展这一制作技艺，使漳平水仙这一传统产品不断发扬光大。

制茶大师傅张旗生

20 世纪 30 年代初，南洋镇营仑村年仅 14 岁的张旗生只身来到双洋中村，拜邓观金

制茶大师傅张旗生

为师，认真学习制茶技术。张旗生学成回村后，在他的影响和带动下，营仑村民开始走上了规模种茶、制茶的茶叶生产发展之路。张旗生制作的水仙茶质量上乘；1947 年，他选送的水仙茶饼荣获福建省第二名。他一生培养了 130 多名制茶师傅，是远近闻名、德高望重的制茶大师傅，备受徒弟们敬重。

1970 年，年过五十的第三代传承人张旗生，将制茶技术传给侄儿张兴裕。

第四代传承人张兴裕

漳平水仙茶第四代传人张兴裕，1952 年生。在南洋镇茶王群体中，可是个重量级的人物。他虚心好学，用心钻研制茶技术，所做水仙茶饼供不应求。他精通茶艺，曾被聘为南洋茶厂技术员。为传承家乡制茶技艺，他先后培养了 30 多名新一代制茶师傅，是一位深受敬重的制茶大师。

第四代传承人张兴裕（林天南摄）

每逢做茶季节，他的茶室里总是高朋满座，洋溢着笑语茶香。张兴裕的茶确实香，香到每批茶都要预定，再熟的朋友或领导，只能按人头均分，没有人可以"独占香魁"。

张兴裕 18 岁开始做茶，茶龄近半个世纪，制茶数量难以估算，但可以肯定的是，他所制作的茶 都是精品茶。他的精品茶怎么来的呢？茶叶如果长势不好，他宁愿不要。晒青，根据茶叶嫩老程度巧妙调节时间长短。炒青，温度与时间，掌握的尺度恰到好处。嫩茶慢杀，老叶快炒；茶叶的开面不同，火候必定有异。揉茶，不能太干，太干叶片易碎；不能太湿，太湿叶子易老。焙茶，他用电烤箱先走走水，再用炭火"固香"，等等。总之，不把茶叶中的芳香和有益物质调理到最佳状态，他绝不罢休。

他精心耕作十几亩茶园，精心做好春秋两季精品茶，不做夏茶。他制茶精益求精，每年只做200公斤的精品水仙茶，顶级茗品声名鹊起，享誉四方。他守住传统，安心做茶，热心传授技艺，有教无类。

老茶王朱瑞堂

漳平市于1994年启动评选水仙茶王活动，首届茶王获得者是朱瑞堂老人。他十多岁时就开始做茶，先做菜茶，后做色种，三十年前开始专业做水仙茶至今。

朱瑞堂制
茶组图

1994 年，南洋乡为了提高全乡茶农的制茶技艺，开始评选一年一度的"茶王"。他迎来开门红，得了第一届"茶王"桂冠。第二年，二连冠。第三年，得了全省一等奖。这三年，他独占鳌头，名气大振，声名远扬。报社记者采访他，还把他的光辉形象登上了报纸。

朱瑞堂做茶确实香，而且是那种老丛水仙茶的浓香、重口香。这与他恪守传统的制茶做法有关，他的做茶经验是"天地人"三字经，这是他的经验之谈。

朱瑞堂总结起制茶经验，言简意赅，精准贴切。他说："做茶确实大有奥妙！做茶，说到底就是三个字：天地人。天，就是天时，天时不仅是天气要好，气候要好，更要看天气做茶，什么时间采茶，什么时间做茶。这里要强调两点，一是靠天吃饭，二是利用天时。地，就是地利。什么土壤，怎么施肥，怎么管理，都有讲究，不能乱干。如果山地已经很肥了，再拼命下肥，茶青怎么做？人，就是人和，制茶技术好不好，制茶人经验足不足，肯不肯学，愿不愿意改，这些都很关键。再比如筛茶，一用眼，看茶色；二用鼻，闻气味。制茶光记时间，又有什么用呢？"他秉承传统的水仙茶制作技术并加以创新，总结出制作上等水仙茶讲究"天时地利人和"的实用方法。天时，即茶叶采摘的时间，以晴天露水干在上午 9 点后最佳。地利，即要分别土壤的肥瘦、所采茶叶厚薄的不同，以及山顶与山脚生长的茶叶品质的差异，分别进行晒青和摇青，分开制作。人和，即制茶艺人对于每一道工艺，都要认真把控，谨慎操作，不出纰漏。如此制作的水仙茶，条形紧结，色泽油润，三色茶明显，沸水冲泡后兰香味四溢，茶汤金黄清澈，茶叶柔软，叶色橙黄，呈现"绿叶红镶边"状，细斟慢饮，余香不绝。

郑文海，不一般的茶王

郑文海，1966 年出生，双洋镇中村人。该村是双洋镇茶叶主产地，现有 232 户 830 人，拥有茶山面积 5000 多亩，村里建起茶叶集中加工区，有 10 户茶农加工企业入驻。

郑文海经营茶叶生意，起步早，格局大，视野广，名气响。17 岁开始做茶的他，经过 35 年的经营发展，荣膺业界诸多桂冠。

茶王郑文海（右）与茶界泰斗张天福（左）合影

他是第一个自建茶厂的茶农。1992 年，他在双洋建起了第一座真正意义上的茶叶加工厂，无论规模还是设备，在当时都是一流的。这几年，他在南洋镇改建的茶厂，建筑面积 3000 多米^2，论设备，论面积，在漳平市内都首屈一指。

他是第一个做茶叶出口生意的茶农。还在 20 世纪 80 年代末，他就通过省外贸部门向日本出口了几万斤南洋色种茶和水仙茶。

他是第一个将茶叶从种植、加工到销售进行公司化运作的茶农。1992 年，他成立了"九鹏茶业有限公司"，这是漳平市最早成立的茶叶贸易公司。

他是漳平第一个为水仙茶注册商标的茶农。2000 年，他的"九鹏"商标成功注册，成为漳平茶企第一个通过 QS 认证的茶叶品牌。该品牌是漳平茶界第一个获得"福建省著名商标""福建省名牌农产品"称号的品牌。

他是第一个通过网络销售茶叶的茶农。目前，他在"天猫""京东"各有一家旗舰店，并在河北省唐山市、石家庄市各开一家直营店，每年线上销售茶叶总额达一百多万元。

他是第一个大手笔通过高端渠道宣传漳平水仙茶的茶农。通过他不懈的努力，漳平水仙茶成为 2016 年在河北唐山市举办的第 25 届中国金鸡百花电影节唯一指定用茶，此举让著名导演冯小刚、乌尔善及著名演员吴京、黄晓明、白百何在内的四百多名影视界名人，都品尝到了漳平水仙茶的"仙韵"。

九鹏茶叶有限公司荣获第 25 届中国金鸡百花电影节"唯一指定茶叶供应商"

他还是漳平水仙茶的销售冠军。每年几万斤的茶，通过他积累近三十年的人脉渠道，销往全国各地。远至拉萨、鄂尔多斯、哈尔滨等城市都有人喝水仙茶。他为漳平水仙茶的推广宣传立下了汗马功劳。

他的成功，归结为一句话，那就是"35 年专注一件事：漳平水仙茶！"

茶王张士安

在南洋镇营仑村，茶王张士安被誉为"王中王"。自1998年以来，他妙手制茶出精品，累计八次摘取"茶王"桂冠。

年届知天命的他，做茶已经30多年了。他初中毕业刚学做茶的时候，一代制茶大师张旗生还在世。张士安就在他的亲自指导下开始做茶的，可以说是起点高，得真传。1997年，南洋乡举行第三届茶王评选时，他觉得自己刚出道不久，人年轻，不好意思送茶去参评。在别人的鼓励下，他还是拿着自己的作品去参评。没想到，第一次参评，就得了仅次于茶王的一等奖。次年再次参评，他不负众望，摘得第四届"茶王"桂冠。

张士安一向性格温和，不急不躁，做事认认真真，一丝不苟。他精心管护着自己的30亩茶园，每年基本上只做春秋两季茶，不求多，但求好。

张士安做的茶，冲泡后茶汤特别干净，水香特别柔和，不苦不涩，

茶王张士安制
茶组图

回甘绵长。而且，长期以来，品质稳定，不管天时怎么变化，基本没有波动过。同行人问他有何诀窍做到这一点，他总是腼腆地说："没有什么诀窍啦，就是每一个环节都仔细一点。特别是做青这道工序，走水很重要。"

他介绍经验说道："茶之好坏，存乎一心。做茶时，程序一样，天时一样，只是手法有微妙的区别而已，而这手法，就是用心。用心，就能做出好茶。做茶就是这样，谁也没有秘籍宝典。文章千古事，妙手偶得之，比的就是妙手的用心程度。"

制茶妙手张士安在妻子的协力配合下，专心致志做茶几十年，无怨无悔，辛勤劳作，大有收益。随后，他的家庭生活大大改善，买了小车，还在集镇上建了新房，每年还利用空闲时间去各地旅游观光，从而增长不少见识。对此，他很感谢水仙茶丰富了他的人生。

绿满山冈（李梅英摄）

　　漳平是我国南方茶叶的重要产地之一，产茶历史悠久，被誉为"中国名茶之乡""全国重点产茶县""全国十大生态产茶县"等。

　　漳平水仙茶属中国历史名茶，系福建省漳平市特产，中国农产品地理标志产品。其肇始于元代，明清初兴，民国闻名，当代驰名。漳平九鹏溪流域是漳平水仙茶主产区，其优越的自然环境条件，形成了漳平水仙茶独特的品质。

　　漳平水仙茶饼更是乌龙茶类唯一紧压茶，品质珍奇，风格独一无二，独树一帜，极具浓郁的传统风味。其香气清高幽长，具有如兰气质的天然花香，滋味醇爽细润，鲜灵活泼。它经久藏，耐冲泡，茶色金黄，细品有水仙花香，喉润好，有回甘，更有久饮多饮而不伤胃的特点，畅销于闽西各地及广东、厦门一带，并远销东南亚。

　　水仙飘香，蜚声在外。为充分挖掘、推介和弘扬漳平茶文化，讲好漳平水仙茶故事，特编写了这本《漳平水仙》。希望本书的出版，能为海内外茶友更深入地了解漳平水仙茶的发展历程和丰富的茶文化内涵有所帮助。

　　本书在组稿编写过程中，引用了本土作家

黄瀚、邓韶征、杨建军、罗戈锐,本市文化人周木发、李熙通,以及省外作家李天坞等人的原创文稿,得到了漳平市镇两级政府相关部门和有关领导的支持。漳平市农业局、方志办、档案馆、博物馆、图书馆和漳平市茶叶协会、摄影家协会等给予大力支持。摄影家协会张晓玲、林天南、陈秀容、黄笑梅、李梅英、张巧玲等多位摄影界行家,漳平市博物馆原馆长黄秀燕,热心人士刘扬文、张琳、詹云帆、兰有材,以及茶商茶农提供相关照片。漳平市农业局林梅桂、刘素惠、詹静霞、马义荣、邓冰斌,以及市茶叶协会陈永林、邓长海、张列权、黄湘尧等给予具体指导。知名媒体人杨建军、浙江大学茶学博士胡慈杰和漳平市高级农艺师林赞煌等对本书的编撰给予襄助。许多茶农、茶商、茶行及社会各界热心人士对书稿内容提出诸多有建设性的建议。在此,谨向所有关心支持本书编写工作的领导和各界人士表示诚挚的敬意和衷心感谢。

受本人专业知识和学识水平所限,加之时间仓促,错漏之处在所难免。恳请广大读者批评指正。

詹柏山

2018 年 11 月